lonely planet

From the Source

泰国美食之旅

懂美食之人，
献给品美食的你

作者兼摄影：奥斯丁 · 布什、马克 · 维恩斯

中国地图出版社

DRINKING WATER

ดื่ม
Coca-Cola

目录

泰国菜

想做出“出乎其类、拔乎其萃”的泰国菜，要诀就是两个字：平衡。

不管是奶味浓重的青咖喱、热气腾腾的牛肉汤，还是入口惊艳的青木瓜沙拉，泰国菜最讲究让各种味道实现完美的平衡：辣、甜、酸、咸，每种味道都跃然“舌”上，但没有一种可以独霸味蕾。

不过，传统的泰国菜派系众多，尽管在味道上都讲究这种精妙的“杂而不糅”，但也具有鲜明的地域性。在泰国北部的南邦和清迈等古城，气候相对凉爽，造就了当地各种味道温和的季节性菜肴，口感偏苦。在泰国东北部，当地饮食受到了邻国老挝的影响，从湄公河里现打上来的淡水鱼是餐桌上的主角。泰国南部临海，海鲜自然独占鳌头，辣椒也最受青睐。而在泰国中部的曼谷，中央平原的独特地理特征、百花齐放的民族多元性以及泰国皇室的奢华做派，都对当地的饮食产生了重大影响。

但万变之中亦有不变。不管身处泰国何地，你都能体会到饮食处处牵动着泰国人的情感。不论是流传数代仍始终秉持一种做法的家族秘法，还是随着当地自然与社会变迁而演进的地域饮食传统，每道菜中都有历史，每道菜中都蕴含着传承。在泰国，饮食之道更像是一种信仰，其影响之大超乎外人想象。各色原料放入锅中，小火慢炖几个小时，绝对急不来；香料要靠手劲不厌其烦地研磨，只为能更好地呈现其微妙的味道。这里的人不喜“吃独食”，饭点一到，一家老小都会围坐桌边，边吃边聊。

谨记：做饭在泰国可不是为人饱腹的苦差，而是一种甜蜜的付出。

下厨笔记

本书旨在教你烹制泰国第一流的地方菜肴，其中的食谱和做法都是历经数十年甚至数代人考验和改良的“灶头绝技”，每一道菜都不负“地道”二字。

某些原料在你本地的超市里可能不太好找，但其中大多数应该可以在网上买到。为以防万一，我们也尽量为你列出了相似的替代品。本书252~253页的术语表能帮你识别那些陌生食材。

对不习惯吃辣的人来说，地道的泰国菜吃起来会太过“刺激”。如果不想做得这么重口，大可酌情减少食谱中推荐的辣椒用量。先把辣椒去籽也能有效地降低辣度。

出于“地道”的考虑，本书保留了当地厨师的一些操作细节。比如研磨调料，如果厨师用的是捣钵和捣杵，书中也会让你如法炮制。但如果你的时间（或精力）有限，用料理机或自动搅拌棒也是可以的。

书中的食谱都是根据泰餐的食用习惯设计的，摆上桌的数道菜肴都是要大家一同分享的。一桌四道菜的泰餐通常包括一道蘸酱或蘸水什锦、一道汤、一道咖喱菜（可能还有一道配菜）及一道沙拉——配上米饭做主食，足够四个人饱餐一顿。当然，有些菜本身就很适合作为完整的一顿饭，比如圣罗勒辣炒猪肉末（66~67页）。书中的每个食谱都会标注这道菜的适用人数。

关于烹煮米饭的方法以及制作常见底料的基本食谱，见248~249页。

在本书中，计量单位1大勺为15毫升，1小勺为5毫升。

泰国中部及曼谷

精工细作，融汇各国元素，尤其受到泰国宫廷菜、中餐和清真饮食的影响。

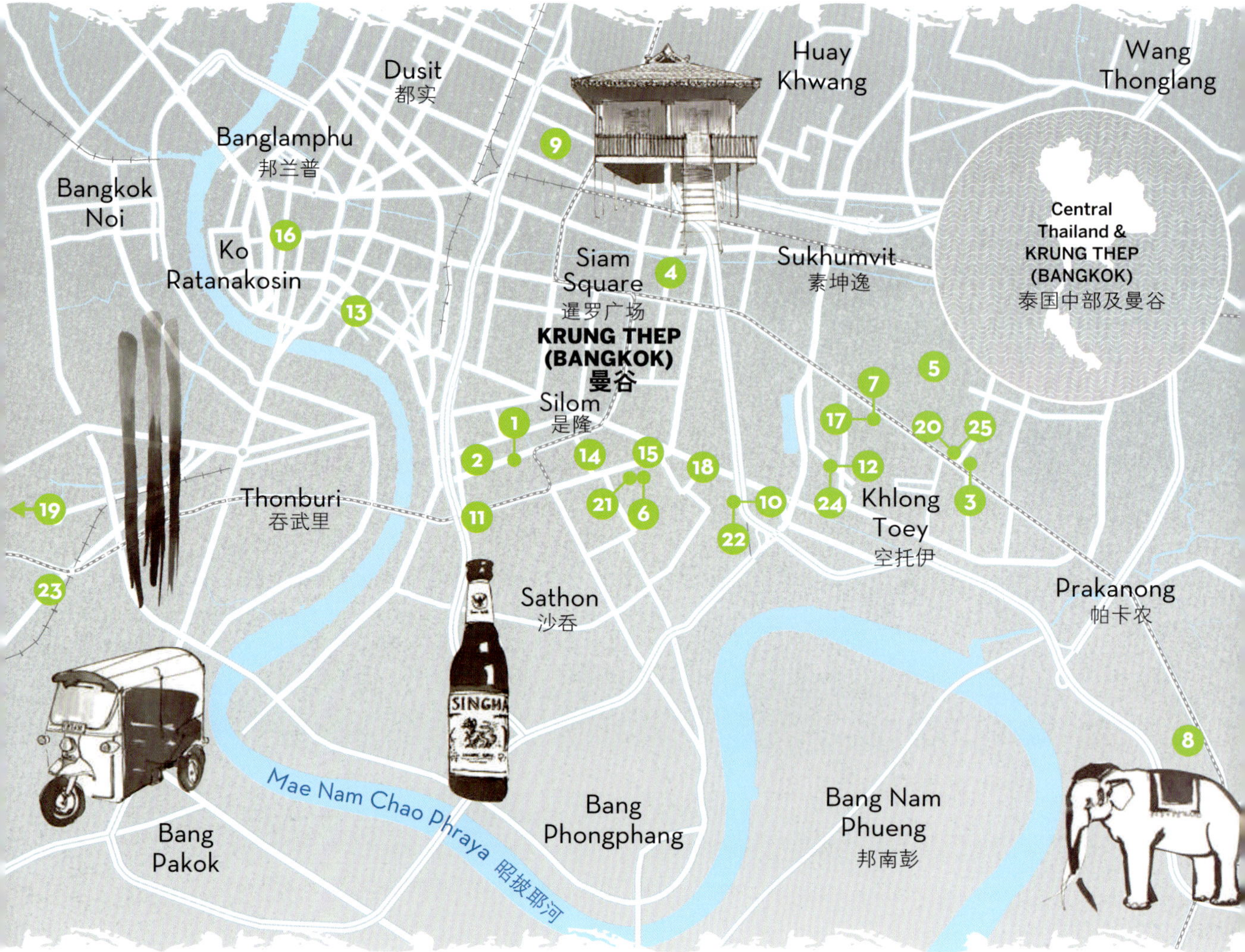

1 泰式清真沙拉 SALAT KHAEK 12页

2 烤鸡肉串 SATE KAI 16页

3 烤茄子沙拉 YAM MAKHEUA YAO 21页

4 凉拌烤牛肉 YAM NEUA YAANG 24页

5 炸鲶鱼凉拌青芒 YAM PLAA DUK FUU 29页

烹饪老师//
萨努斯·马列
地点//
是隆泰国菜烹饪学校

泰式清真沙拉

SALAT KHAEK

看起来是西式沙拉，酱汁却是辣椒、咖喱粉和椰浆混合而成的，让这道泰式清真简餐变得独一无二。

泰式沙拉（泰语叫“yam”，意为凉拌）是讲究搭配平衡的泰国菜中必不可少的元素。虽然名为沙拉，但用料常选肉类或是海鲜，而非西式沙拉中常见的果蔬，且常搭配米饭一起吃，所以更像是主菜。而泰式清真沙拉（泰语叫“salat khaek”）则在原料选用和吃法上与西方常见的沙拉更为接近，同时也是曼谷和泰国中部地区最常见的泰式清真料理。

泰语中，“salat”就是沙拉，“khaek”本意是“客人”，略带贬义，在泰国常用来指代穆斯林或是南亚裔的泰国人。泰式清真沙拉分量很足，可以单独食用，原料通常包括生菜、全熟煮鸡蛋、土豆、豆腐、洋葱和番茄，也可用其他食材。为我们提供食谱的萨努斯·马列（Sanusi Mareh）是曼谷是隆泰国菜烹饪学校（Silom Thai Cooking School）的老板，本身也是一位穆斯林，据他所说：“只要能丰富菜品的色彩，清真沙拉里什么原料都可以用，但炸薯条是必不可少的。”

另外一种“必不可少”的配料就是清真沙拉独特的酱汁。这种酱汁既有西式沙拉酱常见的元素，也有泰国清真菜“以甜为主、细腻多元”的特色。“清真沙拉的酱汁包含蛋黄和咖喱粉，这一点与其他泰国沙拉不同，酱汁里还加入了椰浆，因此也有甜味和奶香。”无论是味道、质地还是品相，泰式清真沙拉的酱汁都像是介于美式沙拉酱和烤肉串蘸酱之间的一种酱汁——后者也是泰国清真菜中的“老面孔”。

和西式沙拉类似，泰式清真沙拉无须搭配主食，本身就可以当作一顿简餐。但若放到一顿丰盛的泰国菜中，也是一道绝妙的配菜，其浓郁的酱汁跟炒蔬菜或清汤十分登对。

供2人食用的简餐

准备时间：45分钟
烹饪时间：15分钟

原料

1个土豆

400克老豆腐，切薄片

食用油，油炸用

1小棵生菜，叶子剥开

5根小黄瓜，切片

1个洋葱，切丝

10个樱桃番茄

3个鸡蛋，煮全熟，对半切

沙拉酱汁（多做一些备用）

2根干辣椒，温水浸泡并去籽

¼小勺盐

60克红葱头，切丝

1小勺咖喱粉

2个鸡蛋，煮全熟，只取用蛋黄

120克烤花生碎

500毫升椰浆

3大勺鱼露

80克棕榈糖

4大勺酸角酱（做法见下方文字）

1 先制作沙拉酱汁。把辣椒、盐、红葱头和咖喱粉放到捣钵里（或使用料理机）捣成细糊备用。

2 取一个中碗，放入刚刚捣好的细糊，加蛋黄和花生碎拌匀备用。土豆切成细条，浸泡在一碗水中备用。

3 取中等大小的平底锅，中火加热250毫升椰浆至沸腾，放入上一步中的辣椒糊和蛋黄混合物、剩余椰浆、鱼露、糖和酸角酱。再次煮沸后，不断搅拌约5分钟，直至酱汁略稠。必要的话，尝尝味道，调整作料。关火放置令其自然冷却。

4 从水中捞出土豆条，取大平底锅，倒油，中火加热，倒入土豆条和豆腐，炸至金黄香脆，捞出控干备用。

5 把生菜、黄瓜、洋葱、小番茄、煮鸡蛋、炸豆腐和炸土豆条码在一个大餐盘或分装在4个小餐盘中。用勺浇上凉好的酱汁，稍微颠几下即可上桌。

酸角酱

酸角（也称罗望子）是泰国菜中的核心原料，很多菜式中都会用到，用以提供酸味。以酸角为主的调味料也有好几种，但名字很像，容易混淆。至于酸角浆、酸角糊、酸角酱的区别究竟是什么，就见仁见智了。总之，这些酸角调味料都是先把酸角去壳取肉，把籽和强韧的纤维剔除，再加少量水匀开制成的。你可以购买成坨的去壳酸角果肉（有时籽和纤维还混在里面，仍然需要去除），也可以买预先处理好的酸角酱或酸角糊（常常也叫酸角浆，总之是诚心想把你搞糊涂）。我们建议你用酸角果肉块，跟水按照1：3的比例，在温水中匀成酸角酱。具体做法是把果肉块放到碗里，加温水，用汤匙的背面把果肉碾开，搅拌至与水完全混合，捞出里面的籽和纤维，酸角酱就做好了。

031 010
* 005
01:51-60

ประกาศ

烤鸡肉串

SATE KAI

泰式清真菜的代表：搭配烤鸡肉串的既有浓香的蘸酱，也有酸甜口味的黄瓜辣椒蘸水。

在曼谷以及泰国中部，穆斯林在文化以及饮食方面对当地产生的影响仅次于华人。据说，穆斯林早在14世纪便在这个国家留下了足迹，他们以肉类和香辛料为主的饮食文化最终也随之到达了曼谷和泰国中部。

“泰式清真菜受到了印尼、马来西亚和印度的三重影响。”曼谷是隆泰国菜烹饪学校的穆斯林老板萨努斯·马列向我们解释说，“口味偏甜，不重辣，和其他泰国中部或东北部的风味相比，这一特点尤为突出。”

“sate”即调味烤肉串，可以说是最受推崇的泰式清真菜，反映出泰式清真菜的口味特点和受到的多元影响。你在曼谷以及泰国中部的几乎每个市场里都吃得到烤肉串，而且人们对这种食物的喜爱是不分时段的，当小吃也行，当简餐也行，适用于一切时间和场合。

只要是肉，都能穿串，但泰国的穆斯林更喜欢用鸡肉（halal），烤之前要先用一种微辣的调味汁腌一腌。萨努斯说：“用椰脂和香辛料腌过的鸡肉会更嫩，而且还有一种热带独有的风味。加姜黄则是为了提色。”

但泰国的“sate”绝不仅仅是烤肉串那么简单，用萨努斯的话说：“烤肉串最重要的是蘸酱，地道的蘸酱必须要能体现花生的果仁味和椰浆的香甜。其主要成分是一种类似红咖喱的调味酱。”

烤肉串另一个常被忽视的重要元素就是蘸水（ajaat），里面有切成薄片的辣椒、红葱头和黄瓜，味道酸甜。萨努斯告诉我们：“蘸水酸甜的味道来自里面的糖和醋。黄瓜则是用来给烤鸡肉和蘸酱解腻的。”

烹饪老师//

萨努斯·马列

地点//

是隆泰国菜烹饪学校

PCT
5
23

烤鸡肉串

SATE KAI

作为配菜供4人食用

准备时间：1小时
烹饪时间：30分钟

原料

500克去骨鸡肉，切成5厘米的肉条

1小勺香菜籽粉

1大勺姜黄粉

½小勺孜然粉

½大勺咖喱粉

1大勺生抽

120毫升椰脂

¼小勺盐

蘸酱（多做一些备用）

120克红咖喱酱

120克烤花生

500毫升椰浆

1½小勺盐

50克棕榈糖或红糖

1大勺酸角酱

蘸水

120毫升白醋

2大勺糖

¼小勺盐

60毫升水

1根大的新鲜红泰椒，切薄片

1根大的新鲜绿泰椒，切薄片

4根小黄瓜，切薄片或刨丝

2个红葱头，切丝

1 取一个中碗，放入鸡肉、香辛料、酱油、椰脂和盐，搅拌，加盖腌制30分钟。

2 制作蘸酱。把咖喱酱和花生倒入研钵（或料理机）中捣开备用。

3 取一个中等大小的平底锅，倒入250毫升椰浆，中火煮开，直至表面泛起一层油脂，加入捣好的咖喱酱，搅匀。再次煮沸后，加入剩余的椰浆、盐、糖和酸角酱。必要的话，尝尝味道，调整作料。收汁5分钟，关火放置令其自然冷却，最后将做好的蘸酱盛入碗中备用。

4 制作蘸水。取一个小煮锅，加白醋、糖、盐和水，中火煮沸5分钟，直至糖完全化开，汁水略显浓稠。关火放置令其自然冷却，而后加入辣椒、黄瓜和红葱头搅拌均匀。盛入碗中备用，同时开始烤鸡肉。

5 在开始烧烤前10分钟左右，将10~12根竹签放入水中浸泡（这样不容易烤焦）。烤炉预热至中高温，串上鸡肉开始烤制，不时翻转，烤5~10分钟或至鸡肉全熟。将肉串盛在大盘中，旁边摆上蘸酱和蘸水即可上桌。

烤茄子沙拉

YAM MAKHUEA YAO

烟熏香、浓香、酸香、辣香、咸香加肉香！这道烤茄子烟熏培根沙拉融汇了泰国菜中所有令人胃口大开的香味。

和许多泰国菜一样，泰式沙拉（或称泰式凉拌菜，yam）有七十二般变化。这种菜肴做法简单，什么素材都可以拿来做原料，因此一万个厨师就有一万种做法，是最能体现制作者奇思妙想与美食哲学的菜式。曼谷大都灵魂饮食餐厅的烤茄子沙拉就是这样一道菜。

作为正宗的烤茄子沙拉，其酱汁囊括了泰国中部菜肴特有的原料和风味，里面有浓浓的椰浆、甜甜的糖和辣辣的泰式辣椒酱。大都灵魂饮食餐厅（Soul Food Mahanakorn）的大厨安卡柴·玛特塔基（Eakachai ‘Eak’ Matthakij，昵称安卡）说：“我们用的酱汁不同于常规，以酸咸为主，只有一点点甜味——很多地方用的是白糖，我们用的则是棕榈糖。我们还会加入一些香菜根来提味。”

他为这道沙拉准备的配菜也不落窠臼。“这道佳肴常见的配菜是全熟的煮鸡蛋，”安卡说，“但我们用的是溏心蛋，蛋黄就像熔岩一般。而且别处一般用鸡蛋，我们则用鸭蛋，因为鸭蛋味道更浓。”随后他又自豪地补充道：“通常的做法是在沙拉中加入虾仁和猪肉糜，我们则是用自己做、自己熏的培根。”

这家餐厅也有恪守传统的一面，那就是沙拉的主料：烤茄子。“烤出来的茄子更香、更甜、烟熏味更足，苦味也少很多。”安卡解释道。烤茄子沙拉也保留了大把放料和易于搭配的特点，正如他所说：“泰式沙拉一定要味道十足，特别是得够酸。泰国人吃泰式沙拉，当午餐也行，当夜宵也行，什么时候吃都行！也不一定要配米饭，可以单吃沙拉，当作啤酒和白酒的下酒菜也不错。这道沙拉就是很好的下酒菜，因为吃起来滋味十足，尤其是里面还加了培根。”

餐厅主厨//

安卡柴 · 玛特塔基

地点//

大都灵魂饮食餐厅

烤茄子沙拉

YAM MAKHUEA YAO

作为配菜供4人食用

准备时间：45分钟
烹饪时间：15分钟

原料

4~6根长条绿茄子，用叉子在表面扎几下

8~10片薄荷叶

一小把香菜叶，切碎

一把炸红葱头丝（见249页）

2个鸭蛋

酱汁

2大勺棕榈糖

2大勺鱼露

4大勺青柠汁

3个红葱头，切丝

2瓣蒜，切末

1根小的新鲜泰椒，切碎

1根香菜根，切碎

6片烟熏培根，炸脆后掰碎

1 茄子烤5~10分钟，直至表皮焦黑，茄肉软嫩。把茄子放到碗中，并用保鲜膜密封碗口静置，10分钟后剥下茄子烤焦的外皮，将茄肉切成4厘米的段备用。

2 取一个中等大小的煮锅小火加热，放入糖、鱼露、青柠汁、红葱头、蒜、辣椒、香菜根和培根碎，充分搅拌。煮沸后继续搅拌，直至混合均匀、汤汁略稠，关火。

3 取一个小煮锅，沸水放入鸭蛋，煮6分钟后捞出，放入凉水中，温度适手时去壳。

4 将茄段码在餐盘中。倒入酱汁，并饰以薄荷叶、香菜叶和炸红葱头丝，上桌时可配上鸭蛋。

“烤出来的茄子更香、更甜、
烟熏香更足，苦味也少很多。”

安卡柴·玛特塔基

家庭厨师//
玉彬·曼乐欧德
地点//
曼谷

凉拌烤牛肉

YAM NEUA YAANG

熏香四溢的烤牛肉片搭配有滋有味的酱汁，造就了这道历史悠久的泰国中部菜。而曼谷人玉彬·曼乐欧德告诉我们，如今已越来越不容易吃到这样的凉拌烤牛肉了。

今天的泰国菜俨然成了“辣”的同义词，但从前并非如此。曼谷出生的家庭厨师和酒席供应商玉彬·曼乐欧德（Yupin MacLeod）告诉我们：“现在的泰国人很嗜辣，但做泰国菜，并不应该放太霸道的作料。过去泰国人有个说法，上等人的食物调料用得少，下等人吃的东西才会加料那么狠！”

且不提什么上等人、下等人，她的意思是说，不同味道的平衡才是料理的精髓，这款搭配了鲜辣椒、大蒜、糖、鱼露和青柠汁调制酱汁的烤牛肉黄瓜凉拌菜正是如此。“这是一道古老的泰国中部菜，诞生于两百多年前的曼谷时代。小时候，我的祖母就是用这个方法做凉拌烤牛肉的。现在也有这道菜，区别在于黄瓜只是放在旁边当配菜，辣椒也只是切丁，并没有捣成酱。”

在她看来，正是沙拉中的核心原料牛肉，让这道菜的地位如此衰落。“如今，想吃到凉拌烤牛肉可越来越难了。过去泰国人爱吃牛肉，现在则没什么人吃了。”关于牛肉，她还补充说：“我用的是牛里脊肉最嫩的部分，你用普通的牛里脊也行，但其他部位的肉就太老了。烤多久都行，三成熟或全熟都行。如果没有烤炉，煮一煮也可以。要是没有牛肉，干脆就用鸡肉或猪肉代替。”

尽管她认为在调酱汁时使不同味道达到平衡是最理想的，但她也说并不是非这样不可——“如果只是单吃沙拉，比如作为喝啤酒时的下酒菜，就可以做得辣一点儿。如果是一顿泰餐里面有这么一道菜，我会用口味辛辣的食物，比如咖喱菜或炒菜来搭配它。”

供2人食用的简餐

准备时间：20分钟
烹饪时间：20分钟

原料

300克嫩牛里脊肉

¼根黄瓜，削皮，去籽，切条

¼个洋葱，切碎

酱汁

1根大的新鲜绿泰椒，去籽

2~4根小的新鲜红泰椒

3瓣蒜，去皮

3大勺鱼露

4大勺青柠汁

2小勺糖

点缀（可选）

少量生菜叶

1~2个番茄，切片

一枝薄荷嫩叶

盐和胡椒粉，提味用

1 做酱汁。将辣椒和大蒜放入捣钵里捣成细糊（或使用料理机）。取一个小碗，放入捣好的糊状物、鱼露、青柠汁和糖搅匀备用。如有必要，尝尝味道，调整作料。

2 烤炉预热至高温。牛肉撒上盐和胡椒粉，烤至想要的熟度，稍冷却后切成细条，盛入大碗中备用。

3 大碗中加酱汁、黄瓜和洋葱，搅拌均匀，盛到餐盘中，加上点缀（如有）即可上桌。

“这是一道古老的泰国中部菜，诞生于两百多年前的曼谷时代。小时候，我的祖母就是用这个方法做凉拌烤牛肉的。”

玉彬·曼乐欧德

SEFCO Y2K

炸鲶鱼凉拌青芒

YAM PLAA DUK FUU

这是一道在泰国中部颇有人气的凉拌菜，用味道清淡、口感酥脆的炸鲶鱼铺底。当地人特别爱在水边喂养这种淡水鱼，原来就是为了“反咬”人家一口。

泰国菜讲究平衡，这种平衡不仅体现在精妙的作料搭配上，也反映在不同菜肴的口感衔接上。正如曼谷中巷餐厅（Klang Soi restaurant）的老板伯恩蒂巴·纳亚那洛恩达（Porntippa Rayanonda）所说：“一顿完整的泰餐，少不了一道汤、一道炒菜和一道沙拉。”在曼谷以及泰国中部地区，如果有这么一道泰式沙拉堪称平衡各种泰国菜的味道与口感的代表，那就是“yam plaa duk fuu”，即搭配了风味酱汁的炸鲶鱼凉拌青芒。

关于本书中介绍的这种做法，伯恩蒂巴告诉我们：“我妈妈来自曼谷，这种私家做法就是从她那里学来的，它本来是泰国中部特色菜，如今全泰国的人都会做。”

和大多数泰式凉拌菜一样，酱汁是成败的关键。这款沙拉的酱汁是用大蒜、辣椒、鱼露、青柠汁和糖混合而成的。“酸、微甜、咸、辣，四种味道缺一不可。”伯恩蒂巴补充道，“辣是其中的点睛之笔。”

当然这道沙拉的主料鲶鱼才是真正的核心所在，这种鱼广泛分布在曼谷、大城等滨河城市以及泰国中部的湖泊和池塘中。鲶鱼的烹饪方法很独特，烤了切碎后，再用油炸。伯恩蒂巴解释说：“炸过的鲶鱼非常酥脆，放到这款凉拌菜里再合适不过了。”

事实上，控干炸透的鲶鱼肉不但会变得酥脆，鱼肉中富含的胶原蛋白更会在油炸时释放出来，再加上厨师略施小计，鲶鱼的“蒜瓣肉”就会变成一整片爽脆的鱼饼，同时还保存了易于吸收的鱼肉层次，趁这时倒入酱汁非常入味。

“凉拌炸鲶鱼一般是作为配菜来吃的，当然有时候也拿它当开胃菜。吃泰餐时，你可以用它来搭配炒菜，比如腰果炒鸡肉，也能用以佐汤。这道凉拌菜已经挺辣的了，所以不适合搭配更辣的食物。”

餐厅老板//
伯恩蒂巴·纳亚那洛恩达
地点//
中巷餐厅

炸鲶鱼凉拌青芒

YAM PLAA DUK FUU

作为配菜供4人食用

准备时间：1小时
烹饪时间：15分钟

原料

2条小鲶鱼（每条大约250克），去内脏洗净，也可使用其他淡水鱼

食用油，油炸用

40克青芒果，去皮，去核，切丝

40克红葱头，切丝

40克卷心菜，切丝

25克烤花生

1棵香菜，切碎

酱汁

3瓣大蒜，去皮

4根中等偏小的新鲜泰椒

2大勺鱼露

2大勺青柠汁

2大勺糖

1 烤炉预热至中低温，鲶鱼烤至全熟且肉质略干，约需30分钟。烤好后让鱼肉自然冷却，用叉子剔除鱼皮和骨头，可得鱼肉约150克，切碎备用。

2 做酱汁。用捣钵和捣杵将蒜瓣捣碎，放入辣椒后继续捣成接近糊状，盛入小碗中，加鱼露、青柠汁和糖搅拌至均匀。如有必要，调整作料。最后盛入小碗中备用。

3 取一个炒锅或大平底锅，倒入食用油，中大火加热。将鲶鱼肉中多余的水分挤出，油热之后放入全部鱼肉，并用扁铲按压，使其粘连在一起，炸4~6分钟至酥脆金黄。捞出鱼饼，放在铺了吸油纸的盘中控干。

4 将鲶鱼肉饼装盘，码上切成丝的青芒果、红葱头、卷心菜和烤花生，再用香菜点缀一下，连同酱汁碗一同上桌。这道菜可以搭配新蒸的米饭（见249页），吃之前把酱汁浇到菜上即可。

PCT

餐厅主厨//
帕特萨恭·达迪亚帕克
地点//
Celadon餐厅

虾仁烤鸡肉柚子沙拉

YAM SOM OH KAI YAANG KAP KUNG

柚子的酸爽，酱汁的咸甜，再加上熏香诱人的烤鸡肉和虾仁，就是这道泰国中部特有的泰式沙拉的精华所在，配方来自奢华的曼谷素可泰酒店的餐厅后厨。

泰式沙拉尽管名字里带个“沙拉”，其吃法却与西方的沙拉不同。曼谷Celadon餐厅的帕特萨恭·达迪亚帕克（Phatsakorn ‘Toto’ Tatiyaphak，昵称多多）告诉我们：“西方的沙拉口味偏酸，而且常常作为一顿饭的头盘用以打开胃口。但泰式沙拉在味道上平衡多元，而且是一道正儿八经的菜，用来搭配米饭。”

泰式沙拉的吃法更像西餐中的主菜，做法也不拘一格，但一般来说它们都有如下共同点：主料要么是生的，要么略微蒸过；配料通常有香草和酱汁，在曼谷和泰国中部尤为如此，用以平衡酸、咸、辣、甜等多种味道。

这道“yam som oh”就是这一地区泰式沙拉中的经典代表，也是曼谷素可泰酒店（Sukhothai Bangkok）泰餐厅Celadon的招牌菜。沙拉中用的柚子约有保龄球大小，是当地的特产。传统做法会用柚子搭配蒸熟的大虾，但餐厅主厨多多则主张用烤鸡肉和烤虾仁，为这道沙拉注入烟熏风味。他还舍弃了常用的辣椒，以突显其咸香开胃的特点。此外，他还添加了些荸荠，让沙拉的口感更加爽脆。

柚子是这道沙拉的核心原料，多多说：“不能用太甜的柚子，必须稍带些酸味。”为了不让沙拉中的甜味太过明显，酱汁中还加入了相当分量的酸角酱。酸角这种豆科植物在泰国中部相当常见，制成的酸角酱口味酸甜，商店里能买到的通常已经是压成酱块或制成糊状的加工品。多多在调制酱汁时会用到两种糖——白糖和棕榈糖，咸味也出自两种不同的调料，“外国人会觉得鱼露的味道太冲，所以我们改良为用盐和酱油。”

作为配菜供4人食用

准备时间：30分钟
烹饪时间：15分钟

原料

150克烤鸡胸肉，切丝

600克柚子肉

50克罐装荸荠，切丝

1½大勺烤椰肉碎

1大勺炸蒜末（见248页）

1大勺炸红葱头丝（见249页）

1½大勺烤花生碎

1½大勺虾干，略微烤制后简单切碎（可选）

3片泰国青柠叶，切碎

150克熟虾仁，最好是烤的

酱汁

2大勺酸角酱（见13页）

1小勺白糖

1大勺棕榈糖

1大勺生抽

1小勺盐

点缀（可选）

炸酥的干辣椒

炸藕片

蝶豆花

积雪草

豌豆苗

1 取小碗，将沙拉酱汁所需原料拌匀备用。

2 留出虾仁，把其余所有原料放入大碗中，倒入酱汁拌匀。如有必要，尝尝味道，调整作料。将拌好的沙拉盛入餐盘，旁边摆放虾仁，添加喜欢的点缀（可选），搭配蒸米饭（见249页）一同食用。

生吃蔬菜

泰语中有个词叫“pak kiang”，意为配菜、小菜（在泰国南部叫作“pak naw”），指可以生吃的当地香草和蔬菜，泰国各地的饭桌上总少不了它们的身影。传统上讲，种在自家房子外面的所有植物都可以叫“pak kiang”，比如罗勒、泰国圆茄子、豇豆、黄瓜或是四角豆等。这些蔬菜都是对泰国餐食的有益补充。

กะปิแกง
โลละ30 ขีดละ 5
กะปิกุ้งใหญ่
โลละ120 ขีดละ 14
กะปิกุ้งระยอง
โลละ100 ขีดละ 12
กะปิเคยตาดำ
โลละ80 ขีดละ 8
แกงแพนง
โลละ90 ขีดละ 12
รสดี

แกงคั่วกลิ้ง
โลละ 90.- ขีดละ 12.-
แกงเผ็ด
แกงเขียวหวาน
โลละ 90 ขีดละ 12
แกงส้มกลาง
โลละ 90 ขีดละ 12
แกงเผ็ดใต้
โลละ 80 ขีดละ 10
แกงส้มใต้
โลละ 80 ขีดละ 10
น้ำปลา
น้ำส้ม ขวดละ 10.-

"I cooked
with POO
and I liked it"

鸡肉青咖喱

KAENG KHIAW WAAN KAI

用椰浆、泰式调料和辣咖喱酱制作出来的青咖喱，可以把各种味道灵动地展现出来，难怪能够享誉世界，名列泰国菜人气榜首。

有痛苦的地方才有快乐，至少曼谷烹饪学校的老板赛育德·迪翁（Saiyuud 'Poo' Diwong，昵称阿普）是这么认为的。“我年轻的时候，做咖喱酱汤底常常会被呛到泪流满面，因为泰国人实在是太爱放辣椒了！”

但这样的经历并未改变她对调味酱的执着，几十年后，她在曼谷孔提（Khlong Toei）陋巷的家中用自己的名字开了一所烹饪学校——好帮手阿普烹饪学校（Cooking with Poo by Helping Hands）——这个名字在英语里也很独特。命运似乎偏喜欢哪壶不开提哪壶：学校里人气最高的菜谱刚巧是一道大把放辣椒的菜“kaeng khiaw waan”，也就是外国人所说的青咖喱。

和大多数泰国中部的咖喱菜肴一样，制作青咖喱的第一步就是制作咖喱酱汤底，需要把多种干鲜香料（当然少不了辣椒）放在花岗岩捣钵里捣碎。阿普说：“咖喱酱可以一次多做些，放在冰箱里备用。”咖喱酱汤底中除了适量的辣椒，也少不了泰国青柠皮来调味，这种表面皱巴巴却又散发出清香的绿色柠檬，出了东南亚就鲜有人知。

阿普还告诉我们：“泰国青柠的果肉太苦了，做菜用不太合适，用来洗头发倒是不错。”

在椰浆中翻炒咖喱酱来平衡其中的酸爽和辛辣，是泰国中部很有代表性的烹饪技法。“把咖喱酱在椰浆中炒出香味，再放肉。椰浆中有椰油，所以不用另外放油。”放完了肉，就该放其他原料和作料调味了，阿普做这道菜时选用的是肉质结实的泰国圆茄子，并且额外加了些椰浆。“我放椰浆和水各占一半。泰国人喜欢吃脆口的蔬菜，如果你喜欢吃软烂的，那就把茄子煮久一点儿。”

烹饪老师//
赛育德·迪翁
地点//
好帮手阿普烹饪学校，曼谷

鸡肉青咖喱

KAENG KHIAW WAAN KAI

供2人食用

准备时间：45分钟
烹饪时间：30分钟

原料

500毫升椰浆

4片泰国青柠叶，撕碎

300克去皮鸡胸肉或鸡腿肉，切块

6大勺鱼露

1大勺糖

250毫升水

200克泰国圆茄子，对半切；或一条普通长茄子，切块

一小把泰国罗勒叶，做点缀

咖喱酱

1小勺泰国青柠皮碎

1块拇指大小的南姜，稍切几刀

5~10根小的新鲜泰国青辣椒，切碎

4个红葱头，切碎

3瓣大蒜，切碎

半根柠檬草茎，切碎

1 做咖喱酱汤底。在捣钵中放入泰国青柠皮碎和南姜一起捣碎，加入辣椒、红葱头、大蒜和柠檬草，继续捣成细糊备用。也可以使用料理机或搅拌机。

2 大平底锅放入椰浆、泰国青柠叶和捣好的咖喱酱，中火煮开5分钟，不断搅动直至香味飘出且酱料略显浓稠。放入鸡肉、鱼露和糖，再次煮开后加入水和茄子，煮5~10分钟，直到茄子变软，鸡肉全熟。

3 关火，放入泰国罗勒叶，盛入大碗中，趁热搭配蒸米饭（见249页）食用。

“做咖喱酱汤底是个力气活，
我现在都练出肌肉了！”

赛育德·迪翁

凤梨大虾浓汤红咖喱

KAENG KHUA SAPPAROT KAP KUNG

泰国中部经典咖喱菜肴，椰浆的香醇弥补了虾肉的清淡，辅以凤梨和酸角，酸味的调剂进一步实现了味觉上的平衡。

威驰特·姆古纳（Vichit Mukura）是土生土长的泰国中部人，担任曼谷文华东方酒店（Mandarin Oriental hotel）的泰餐行政主厨已有三十载，他认为“kaeng khua”（即红咖喱）可以说是认识泰国中部料理的最佳入门菜式。“我们经常向客人推荐这道咖喱菜，因为它没有那么辣，并且油而不腻，淡而不寡，其咸、甜、酸三味俱全的特点也深受大家喜爱。”

泰国中部的红咖喱菜肴是这一地区众多咖喱菜的代表，虽与别处的红咖喱菜肴亦有相通之处，但味道更柔和，本篇介绍的这道红咖喱菜还少见地用了凤梨，从而“为这道菜增添了酸甜的味道”。

和泰国中部许多别的咖喱酱一样，红咖喱酱的制作也要用到椰浆。椰浆并不是青椰子里面清亮的椰子水，而是从成熟的椰肉中榨取出来的，味道醇厚，质地浓稠，在泰国中部料理中经常使用。“椰浆能够减少咖喱酱的辛辣口感。”新手在用椰浆——尤其是椰脂（从椰肉里新挤出来的最浓稠的部分）做菜的时候很容易手忙脚乱，因为椰浆煮开时，里面的油脂会与其他部分分离并浮起来，噼噼啪啪地四处飞溅。而完美的咖喱“应该薄薄地漂着一层油脂”。

红咖喱浓汤一般会用到海鲜，威驰特认为大个儿的对虾尤为理想，因为虾中的脂肪可以加强菜肴醇厚的味道。选用其他的虾类或贻贝，哪怕是鸡肉也不错，“但牛肉不行，因为牛肉本身的味道太重了。”

也许有些地方不容易买到凤梨，但他仍然坚持认为，凤梨的酸甜能让这道菜实现味觉上的最佳平衡。使用凤梨的主要作用正是在此，所以果肉本身成熟与否并不那么重要。“选择凤梨时没必要特意选爽脆的，因为在咖喱里一煮，原来脆的也变软了。”

行政主厨//
威驰特·姆古纳
地点//
“饭”餐厅，曼谷

凤梨大虾浓汤红咖喱

KAENG KHUA SAPPAROT KAP KUNG

准备时间：15分钟
烹饪时间：30分钟

原料

500毫升椰脂

120毫升热水

3大勺红咖喱酱

250毫升椰浆

3大勺鱼露

2大勺棕榈糖

220克酸角酱

150克生大虾

200克凤梨，去皮切块

1片泰国青柠叶，切碎

1根大的新鲜红泰椒，切丝

1 大平底锅倒入椰脂和热水，中火加热使其持续沸腾，直至表面泛起一层椰油。加入红咖喱酱搅拌，直至煮出香味，椰油再次泛起。随后放入椰浆、鱼露、糖和酸角酱。再次煮开后放入大虾和凤梨，煮至虾肉粉红，肉质紧实。必要时可尝尝味道，调整作料。

2 关火，加入泰国青柠叶和辣椒，并搅拌均匀。盛入大碗中，搭配蒸米饭（见249页）食用。

叉勺并用

依照泰国的传统，红咖喱配米饭得用手抓着吃，但今天，最普遍的做法还是用勺子配叉子。其中以勺子为主，叉子为辅，叉子是用来将饭菜拨到勺子里的。用勺子的好处是一口下去既可以吃到咖喱菜也可以吃到米饭，还可以喝汤，换不同的菜吃时也很方便。一般来说，泰国人只在吃面条和汤粉时才会用筷子。

鸡蛋猪肉煲

KHAI PHALO

全熟的煮鸡蛋，软嫩的猪五花肉，再加上泰国棕榈糖和香辛料，共同造就了这道香甜宜人、深受中式菜肴影响的汤。

泰国的食物并不总是辣的。给小孩子做饭时，父母们必定会选择那些口味清淡、特别是受到中华饮食影响的菜肴。“khai phalo”即用中式香辛料调味的鸡蛋猪肉煲，是最受欢迎的菜肴之一。

说起这道营养丰富、味道香浓的汤，身为母亲的阿蒙斯里·巴塔纳斯当谷（Amornsri ‘Ann’ Pattanasitdanggul，昵称阿安）告诉我们：“这道菜既好做，又好吃。”很明显，虽然这道肉汤做出来是甜的，但孩子们并不会因此而排斥它。“鸡蛋猪肉煲是甜咸并重的，”阿安告诉我们，“我喜欢用棕榈糖，这会让汤带有一种焦糖风味，闻起来也很香，白糖的甜味就显得太重了。这道汤的甜味也不仅仅是往肉汤里加些糖那么简单。棕榈糖必须先用油炒出糖色，你要先把整块棕榈糖敲碎再下锅，否则就会粘锅或把糖炒煳了。”阿安已经是两个孩子的母亲了，她说：“我听说有人会用可乐来给汤上色，还能增加汤的甜味。”

阿安的另一个窍门就是不要现吃现做。“做好之后在冰箱里放一个晚上，第二天吃味道更好。汤色会更深，汤里的煮鸡蛋也会更有弹性。我上大学的时候经常吃隔夜的剩饭，这个窍门就是那时候发现的。”

泰国菜中的“phalo”意为煲汤，最常用的食材就是煮全熟的鸡蛋和猪五花肉，但用其他食材也可以。“用豆腐代替五花肉更健康一些，但必须得用紧实的老豆腐，有人还会先把豆腐煎一下，让豆腐更结实。”

和泰国菜中的其他煲汤一样，这道汤也不适合单独食用。“因为口味偏甜，煲汤要配米饭食用，不过有时搭配辣味的菜也不错。”

孩子母亲//
阿蒙斯里·巴塔纳斯当谷
地点//
曼谷

鸡蛋猪肉煲

KHAI PHALO

作为配菜供4人食用

准备时间：30分钟
烹饪时间：1.5小时

原料

3大勺食用油

200克棕榈糖，简单敲碎

400克猪五花肉，去除肥肉，切成3~4厘米长的条

1.5升水

6个煮全熟的鸡蛋

120毫升生抽

60毫升老抽

2~3段肉桂

2~3颗大料/八角

1根带叶香菜，切段

调味酱

3~4根香菜根

3~4瓣蒜

1小勺白胡椒粒

1 将香菜根、大蒜和白胡椒粒放入捣钵内捣碎备用。

2 取一个又大又深的汤锅，倒油开小火。油热后放入捣好的调味酱，翻炒2分钟，出香味后放入棕榈糖，快速翻炒2分钟，直至原料炒匀，并呈焦糖状。放入五花肉和水，调至中火。水沸腾后放入鸡蛋、酱油、肉桂和大料，再次沸腾后改小火，加盖炖煮1小时。

3 关火，盛入大碗中，用香菜点缀，搭配蒸米饭（见249页）食用。

“这道汤不是很辣，适合孩子吃。
鸡蛋很有营养，和甜汤放在一起后孩子就爱吃了。”

阿蒙斯里·巴塔纳斯当谷

泰式香草虾

KUNG PHAT CHAA

新鲜的海鲜加上令人眼花缭乱的各色泰国香草炒出的这道菜简直香出天际，主厨伊恩干脆建议搭配清淡的食物来吃——这在泰国可就难找了。

泰国菜中，大火爆炒的技法很可能是从中国传过来的，但泰国人将其与本国特有的食材和处理方法相结合，自成一派。这种源自泰国中部的“phat chaa”，即香草炒海鲜，便是其中一道鲜有人知的代表，味道鲜美异常。

曼谷餐厅Issaya Siamese Club的主厨伊恩·吉缇柴（Ian Kittichai）告诉我们：“phat chaa属于泰式炒菜，它与很多中式炒菜不同的地方在于翻炒后不会用淀粉勾芡收汁。”和其他泰式炒菜一样，这道菜最后也会加些高汤或水，而不是通过勾芡来让汤汁变厚重，而且味道本身也比食材的口感要更突出一些。

“phat chaa”的原意是指食材下到热锅里发出的“嗞啦”声，这道菜和泰国湾沿岸的小渔村有一定的渊源。这类炒菜必定会用到新捕的海鲜，其中最有名的恐怕就是竹蛏了，这种长条形的贝类是泰国中部海滨城市夜功府（Samut Songkhram）的特产。除了夜功府，泰国中部和曼谷的其他地方也有泰式炒菜，但通常都是海鲜大杂烩，大块的鱼肉、大虾、蛤蜊和粗粗的鱿鱼圈炒成一盘。

在泰国菜中，新鲜香草通常用来消除海鲜的腥味。一种在当地叫作“krachai”的香草很有用，这是一种外形像姜的植物根部，闻起来有香味，也叫凹唇姜。“因为加入了凹唇姜、辣椒和圣罗勒，这道菜吃起来有点儿辣。”除此之外，菜里还会用到大蒜和鲜胡椒——也就是常见的胡椒粉未加工前的样子。由此可见，泰式炒菜当属所有泰国菜中味道最冲的一类。

就是因为这道菜太过重口，伊恩推荐配菜要选低调温柔的。“口味清淡的中式靓汤是不错的搭配，粉丝汤，紫菜汤，哪怕是土豆汤都行。”

餐厅主厨//
伊恩·吉缇柴
地点//
Issaya Siamese Club，曼谷

泰式香草虾

KUNG PHAT CHAA

作为配菜供4人食用

准备时间：30分钟
烹饪时间：15分钟

原料

2大勺食用油

10~15根小的新鲜红泰椒，简单切碎

2瓣蒜，切碎

35克凹唇姜，去皮切条

20克鲜胡椒

60毫升鸡汤

16只生大虾，去壳

1大勺鱼露

3大勺蚝油

2小勺糖

20克圣罗勒叶

1根大的新鲜红泰椒，去籽切丝，做点缀

1 炒锅或大平底锅内倒油，大火加热至冒烟，放入辣椒、大蒜、凹唇姜和鲜胡椒炒香。倒入30毫升鸡汤，加大虾翻炒约3分钟至虾肉九成熟，加鱼露、蚝油、糖、圣罗勒继续翻炒。如果汤水收干粘锅，可把剩余鸡汤倒入锅内。

2 装盘，用红泰椒丝点缀，搭配蒸米饭（见249页）食用。

"如果没有大虾，
也可以用鱼或鱿鱼代替，
一定要用当天市场上最新鲜的食材。"

伊恩·吉缇柴

餐厅老板//
依罗·索玛里萨旦比
地点//
蓝象餐厅，曼谷

浓咖喱虾

KUNG PHAT PHONG KARII

用味道温和的咖喱粉炒大虾和鸡蛋本是一道源自中国的菜肴，泰国人在这道菜里添了不少额外的辣椒，也因此成就了当地一道经典菜。

许多今天被普遍认为是泰国菜的菜肴事实上都源自外国，尤其是泰国的炒菜，不管是炒饭还是炒面，几乎所有都是直接或者间接从中国传来的。这道椰浆咖喱虾也是如此，大虾和咖喱粉的搭配虽不常见，却备受赞誉。

人们认为，这道用海鲜、鸡蛋和咖喱粉炒出来的佳肴，最初是在19世纪或20世纪由中国福建的厨师带入泰国的，它迅速成了泰国各地中餐馆和海鲜餐厅的必备菜式。曼谷蓝象餐厅（Blue Elephant）的老板依罗·索玛里萨旦比（Nooror Somany Steppe）对这道菜的改良则使其从源头向泰国本身的特色迈进了一步。“我的做法与众不同，因为加入了椰浆和泰式辣椒酱，这道菜变得更有泰国味儿了。”

泰式辣椒酱在泰语中叫“nam phrik phao”，是让这道中式菜更有泰国特色的创新元素，也增加了其中辛辣的味道。“辣椒酱的做法如下：先把炸红葱头丝、辣椒和大蒜捣成糊，然后加上糖、鱼露和酸角，用油熬制而成。”讲到如何为这道菜调味时，依罗说：“我炒这道菜会加点儿烤辣椒酱，还会淋一点儿炸辣椒酱的油来提色。”售卖亚洲进口调料的超市里一般都可以买到罐装的烤辣椒酱。

就算加了辣椒，这道菜也并非多么重口。“咖喱粉本身并不辣，又因为加了椰浆和炼乳，所以口感会很香浓顺滑，还略带一丝甜味。泰国菜讲究的就是不同味道的平衡。虽然我用的是大虾，但最常用的是螃蟹。你用扇贝或鱿鱼也行，但一定不要用鸡肉或牛肉。”

作为配菜供4人食用

准备时间：30分钟
烹饪时间：15分钟

原料

3大勺食用油

100克生大虾

½大勺生抽

1大勺蚝油

1小勺糖

½大勺泰式辣椒酱

½个小洋葱，切丝

1根大的新鲜红泰椒，切丝

1根芹菜，切成4厘米长的段

1根小葱，切成4厘米长的段

蛋液

1个鸡蛋

90毫升罐装无糖炼乳

4大勺椰浆

¼小勺姜黄粉

1大勺淡味咖喱粉

调味酱

1根香菜根，简单切碎

2瓣蒜

½小勺黑胡椒

1 将香菜根、大蒜和黑胡椒放入钵内捣碎备用。

2 取一个小碗，打入鸡蛋，加炼乳、椰浆、姜黄粉和咖喱粉搅拌均匀备用。

3 炒锅或大平底锅倒油开中火，油热后倒入捣好的调味酱，翻炒2分钟至有香味飘出。放入大虾翻炒1分钟至九成熟，加入混合蛋液、酱油、蚝油、糖以及泰式辣椒酱翻炒约2分钟，汤汁略稠时加入切好的洋葱、辣椒、一半的芹菜段和葱段，翻炒均匀后关火。

4 盛到大餐盘中，用余下的芹菜段和葱段点缀，趁热搭配蒸米饭（见249页）食用。

"咖喱粉本身并不辣，又因为加了椰浆和炼乳，
所以口感会很香浓顺滑，还略带一丝甜味。
泰国菜讲究的就是不同味道的平衡。"

依罗·索玛里萨旦比

08-700 333 04-5
0-700-55508

NANO WHITE
02 8884888
sporade
TOWN

椰子酱炒米粉

MII KATHI

这道香甜醇厚的米粉有泰国“皇室血统”，和椰脂搭配调味的竟然是番茄酱。

泰式烹饪在选材上总是讲究新老搭配和跨国组合，“保守”的帽子可不能往人家头上扣。比如这道经典的“mii kathi”，也就是椰子酱配炒米粉，作为浇头的酱汁里就加入了一些意想不到的配料。

曼谷Ruen Mallika餐厅的老板玛丽咖·塔姆瓦特塔纳（Mallika Thamwattana）告诉我们：“我觉得这道菜最初是从皇宫里来的，因为它口味略甜，还用了泰国中部出产的诸多原料。”

之所以说这道菜香甜醇厚，是因为菜里用到了椰脂，它不仅是酱汁中的关键元素，而且在曼谷和泰国中部虽常见却不便宜。“我们用的椰脂都是自己当天制作的，大多数街边的摊贩可用不起，不少都用全脂牛奶代替。”

而另一种在泰国菜中较为罕见的配料番茄酱，又给酱汁增添了另一层味道。“加入番茄酱既是为了提色，也是为了增添酸味。这道菜入口酸，余味则是甜咸的。菜本身是不辣的，但如果你喜欢，加点儿干辣椒也不错。此外什么多余的调料都不要放。”

又细又直的米粉在泰语里叫“sen mii”，是这道菜的主料。“做这道菜必须用细米粉，因为细米粉一方面能跟扁扁的炒米粉相区分，另一方面也更容易挂汁。”

这道菜也是泰国人常说的所谓“ahaan jaan diaw”，即“一菜餐”。这道米粉不需要其他配菜，也正因如此，厨师会尽力把每一种味道融入其中。玛丽咖告诉我们：“这道菜独缺苦味，所以我们在里面放了味道辛涩的生香蕉花作为弥补。如果找不到香蕉花，也可以用豆芽或大葱代替。”

餐厅老板//
玛丽咖·塔姆瓦特塔纳
地点//
Ruen Mallika餐厅，曼谷

椰子酱炒米粉

MII KATHI

供2人食用

准备时间：1小时
烹饪时间：15分钟

原料

2大勺食用油

2个鸡蛋，搅匀备用

150克泰国干米粉

100毫升番茄酱

100毫升椰浆

一把韭菜，切碎

100克豆芽

味道辛涩的蔬菜组合，比如香蕉花、积雪草或者豆芽，作为配菜

柠檬，切瓣，作为配菜

椰子酱

75克红葱头，切丝

1个洋葱，切碎

380毫升椰脂

50克虾肉末

50克鸡肉末

50克泰国豆瓣酱（薄饼状的干豆瓣酱），切碎

2½大勺糖

225毫升酸角酱（见13页）

2大勺鱼露

5大勺番茄酱

130克老豆腐，切块

1 炒锅或中等大小的平底锅，倒油，中火加热后，倒入蛋液，摊成薄薄的蛋饼，九成熟的时候翻面，关火凉置。把蛋饼折成三层，切成细长的鸡蛋丝备用。

2 做椰子酱浇头。深平底锅小火加热，放入准备好的红葱头、洋葱、80毫升椰脂，炖煮15~20分钟。香味飘出后改中火，加入剩余的椰脂煮沸。加入虾肉末、鸡肉末、豆瓣酱搅匀，再放入糖、酸角酱、鱼露和番茄酱继续搅拌。继续炖煮20分钟，放入豆腐，轻轻搅拌，直至豆腐完全热透。关火备用。

3 炖煮酱汁的同时，将米粉放入温水中浸泡15分钟，沥干备用。

4 炒锅或煎锅中火加热，放入番茄酱和椰浆，不断搅拌至略微收汁。加入沥干的米粉翻炒至充分挂汁，再加入韭菜和豆芽，翻炒均匀后关火。

5 把炒米粉均分到2个餐盘中，撒少许鸡蛋丝，浇椰子酱，再放上你中意的配菜（可选）。

BOONFOONG
業 印

客家风味炒面

PHAT BAMII LUEANG

鱿鱼丝、酱油以及用小麦和鸡蛋制成的粗面条——中华饮食的纯正风味与口感在这道菜里汇聚一堂，成了曼谷唐人街里的看家菜。

中国人给曼谷以及泰国中部地区的饮食带来了十分深远的影响。许多最初来自中国的原料、菜式和烹饪技法，由于传播范围极广，本土化程度极高，已经被当成了泰式风味的一部分。但也有那么几道菜，做法几乎延续至今，中国味儿十足，在曼谷的唐人街里尤为常见。

比如这道客家风味炒面，面条用的是黄色的鸡蛋面，炒的时候会加入猪肉和鱿鱼丝，这在泰国菜中可是罕见的组合。Piang Kee餐厅隐藏在曼谷唐人街的一条窄巷中，开业已久，餐厅合伙人兼厨师素帖普·楚特斯力应勇（Suthep Chutsiriyingyong）告诉我们："这道菜是从我的中国岳父那里学来的。他可是个有真本事的厨师，这家餐厅就是他40年前开的。"

和他的岳父一样，素帖普也是客家人，这一族群发源自中国东南部。客家菜自成一派，在泰国较为罕见，也是这家餐厅的特色。"泰国最常见的中式炒面属于潮州炒面，里面会放胡萝卜、大白菜、蘑菇和豆腐。我们这个则是客家炒面，面里要放猪肉，而且我们用的面条也不一样，要更软、更粗一些。按照原先的做法，还要放些沙葛丝，但泰国人更喜欢豆芽。"素帖普解释道。

不过这道客家炒面最妙的地方是里面的鱿鱼丝，餐厅的多道客家菜里都会放入这种独特的原料，使其味道咸香，吃起来更有滋味。讲起自家的这道炒面，素帖普说："来这儿吃过的客人都说，我们的炒面和在中国吃到的一模一样。"如此地道也是因为使用了中餐烹饪的作料。"面应该炒得干一点儿，生抽的甜与老抽的咸都能吃出来才好，但你要是不喜欢甜味，也可以不放生抽。"

餐厅合伙人&厨师//
素帖普·楚特斯力应勇
地点//
Piang Kee餐厅

133
น้องดิว

客家风味炒面

PHAT BAMII LUEANG

供4人食用

准备时间：15分钟
烹饪时间：15分钟

原料

4大勺食用油

300克猪里脊肉，切丝

50克干鱿鱼，泡发几分钟，沥干后切丝备用

800克鸡蛋面

250毫升猪高汤、鱼高汤或清水

4大勺生抽

2大勺老抽

100克韭菜，切碎

200克豆芽

白胡椒粉

辣椒酱（可选）

1 炒锅或大平底锅倒油，中高火加热，油冒烟时倒入猪肉条和鱿鱼丝，旺火翻炒1分钟，直至香味飘出并收干油分。放入面条，少量多次地倒入一半高汤，边倒边翻炒。改小火，加锅盖焖1分钟左右，加入酱油再炒1分钟。如果其间感觉面条要粘锅或者煳锅了，可再少量多次地加入一点儿高汤。最后放入韭菜和豆芽翻炒均匀。如有必要尝尝味道，调整作料。

2 把面条分盛到餐盘中，上面撒少许白胡椒，喜欢的话可以搭配辣椒酱食用。

“面应该炒得干一点儿，
生抽的甜与老抽的咸
都能吃出来才好。”

素帖普·楚特斯力应勇

小吃摊主//
萨姆峦·绰通
地点//
Thanon Convent

圣罗勒辣炒猪肉末

PHAT KAPHRAO MUU

圣罗勒炒猪肉末，放足辣椒和大蒜——行色匆匆的曼谷人就爱用这道菜来迅速解决午餐。

曼谷的街头小吃包罗万象，想挑出一道最具人气的单品几乎是不可能完成的任务，但这道用辣椒、大蒜和圣罗勒叶炒猪肉末的“phat kaphrao muu”绝对可以排在人气榜的前列。

萨姆峦·绰通（Samruay Choothong）在曼谷中心区推车摆摊已经有20多年了，他说：“有时候这道菜我一天得炒50盘。卖得好是因为泰国人都超爱这样味道浓重的菜肴。”

的确，大多数泰国人吃起辣来能让许多外国人目瞪口呆。但和不少（辣的）泰国菜一样，这道菜在调味方面也是一个厨师一个样。“炒猪肉末不是非辣不可的——也有泰国人不爱吃辣，其精髓在于要略带咸味和甜味，而且不能有汤汁。”

除了辣椒的辣，这道菜最主要的味道来自圣罗勒（即菜名中的“kaphrao”）。这种带叶香草盛产于泰国中部地区，尽管在泰国以外可能不太好找，但绝对不要偷懒用普通的泰国罗勒或是意大利罗勒代替，因为圣罗勒味道奇香，回味带辣，任何其他东西都无法取代。

这道菜之所以备受食客青睐，另一个原因就是它灵活多变。据萨姆峦所说：“猪肉是最常见的原料，但你也可以如法炮制，炒海鲜（鱿鱼或大虾）、炒牛肉、炒皮蛋，炒什么都行！”

但灵活多变之中，有一点绝对不能变：“这道菜要用蛋来配，煎鸡蛋或是摊鸡蛋都行。另外还要配上一小碗汤，要么是泡菜汤，要么是苦瓜汤。”尽管这道菜已经带辣味了，上菜的时候还是会再配一小碗“phrik nam plaa”，也就是鲜辣椒丝和鱼露做成的蘸水，这是泰国最普遍的餐桌调料。

圣罗勒炒菜几乎是泰国中部最常见的“一菜餐”，但它作为一顿泰餐中的一道菜也完全没问题。

供4人食用

准备时间：15分钟
烹饪时间：15分钟

原料

6~9根新鲜泰国红辣椒，其中一根切细丝

4瓣蒜

1大勺食用油

300克猪肉碎

1大勺蚝油

1大勺生抽

1小勺糖

60毫升高汤或清水

75克圣罗勒叶

4个鸡蛋，煎好做配菜（可选）

米饭，用来做盖饭（可选）

1 捣钵中放入完整的辣椒和大蒜，捣碎备用。

2 炒锅或大平底锅内倒油，大火加热，冒烟时放入猪肉，略翻炒2~3分钟至颜色焦黄。随后放入捣好的辣椒和蒜、蚝油、酱油和糖，继续翻炒2分钟。如有必要尝尝味道，调整作料。若汤汁变少或开始粘锅，可加入1~2大勺高汤或清水。加入辣椒丝和圣罗勒叶，略微翻炒至圣罗勒叶变软即可。

3 关火。如果作为泰餐中的若干菜品之一，则盛到一个大餐盘中，趁热搭配米饭食用。如果用来做盖饭，则把做好的米饭分盛到4个餐盘中，把菜均分到米饭上，最后放一个煎蛋。

“你也可以如法炮制，
炒海鲜（鱿鱼或大虾）、炒牛肉、
炒皮蛋，炒什么都行！”

萨姆斋·绰通

爆炒空心菜

PHAT PHAK BUNG FAI DAENG

爽脆的蔬菜，配上大蒜、辣椒和咸香作料爆炒，这道人气满满、简单可口的曼谷街头美味就做好了。

英语里的“晨光”“水菠菜”“水旋花”，拉丁语里的“Ipomoea aquatica”，菲律宾语里的“Kangkong”，以及泰语里的“phak bung”，其实说的都是空心菜。尽管名字多得让人头痛，但不管是泰国人还是来泰国的游客，都禁不住这种爽口蔬菜的诱惑。

这种空心的绿色蔬菜盛产于沼泽地区，在东南亚各地都能吃到，做法也五花八门。在曼谷和泰国中部，有一种做法独霸一方，那就是“fai daeng”，即爆炒，泰语字面意思是“红火”——因为爆炒的时候油温很高，空心菜和辣椒、大蒜一起下锅就会腾起红红的火苗。曼谷的路边摊主查拉婉·瓦萨萨米特（Chalatwan ‘Pan’ Wasasamit，昵称阿潘）告诉我们：“这是一道泰国化了的中国菜。吃起来很随意，外国人也喜欢。”

这道简单的炒菜也是泰国较为常见的“一菜餐”。在阿潘开在曼谷市中心的路边摊上，火爆空心菜就是她常做的一道菜。“人们每天都会点这道菜，一般是做盖饭的。有些人会要求炒的时候加上猪肉末或是炸五花肉，要么在吃的时候配一个煎鸡蛋或炒蛋。”当然，爆炒空心菜作为一顿泰餐的诸多菜品之一也是可以的。

这道菜需要的作料包括辣椒、大蒜、蚝油、豆瓣酱、酱油和糖，很少有厨师会不顾这一传统，另辟蹊径，但具体的口味可根据个人喜好调整。“点爆炒空心菜的时候，你得告诉厨师自己是想吃辣的还是甜的。豆瓣酱会让这道菜有咸香味，但有人爱吃甜口，若有要求我也会往里面多放些糖。”

路边摊主//
查拉婉·瓦萨萨米特
地点//
萨拉丹2巷

爆炒空心菜

PHAT PHAK BUNG FAI DAENG

供1人食用，或作为开胃菜供2人食用

准备时间：15分钟
烹饪时间：15分钟

原料

½大勺食用油

200克空心菜，切成6厘米长的段

6根小的新鲜泰国红辣椒，拍碎

3瓣蒜，拍碎

1大勺蚝油

½大勺豆瓣酱

½大勺生抽

½大勺糖

60毫升高汤或清水

1 炒锅或大平底锅倒油，大火加热，冒烟时立即放入空心菜、辣椒、大蒜、蚝油、豆瓣酱、酱油和糖，翻炒1~2分钟，其间少量多次地倒入高汤或清水。全部倒入后再炒2分钟，或至空心菜全熟且口感仍然鲜脆。

2 盛入大盘中立即上桌。

“爆炒空心菜有两个规矩不能坏：
菜炒出来必须是脆的，趁热配米饭吃。”

查拉婉·瓦萨萨米特

咖喱猪肉炒茄子

PHAT PHET MUU

这道泰国中部的经典菜式介于咖喱菜和炒菜之间，更将芬芳的香草、微苦的水茄、丰腴的猪肉和醇厚的椰浆汇聚一堂。

泰国美食的拥趸对泰国中部的咖喱菜一定不陌生，这里的咖喱菜汤水更足，通常会加入椰浆和各种辣味的调味酱。但恐怕很少有人知道，做咖喱菜用的调味酱也可以直接用来做汤，甚至还可以搭配椰浆炒菜。

泰国菜中的“phat phet”意为“辣炒”，但多少有些名不副实。这类炒菜所用的辣酱的确加了不少干辣椒，但因为在烹饪中加入了椰浆和棕榈糖，更佐以众多新鲜香草和蔬菜，整体口味相对温和。其辣味弱于咸甜，味似咖喱菜，形同炒菜。

本篇介绍的这道辣炒菜肴来自Poj Spa Kar餐厅，据说该餐厅是曼谷历史最悠久的餐厅之一。餐厅现任厨师娜塔蒙·赛迭德（Nathamon Jaidet）告诉我们：“我老公的祖母曾是皇宫里的御厨，这家餐厅是她在80年前开的。”

虽然娜塔蒙的做法和昔日的“御膳房”没什么关系，但她仍然强调说：“我们的做法与80年前一模一样，味道也和过去一样浓重。”味道浓重是因为里面放了多种泰国以外极不常见的原料，包括手指形的凹唇姜和西餐中常用的胡椒的“前身”鲜胡椒。这道辣炒菜也会用到泰国中部常用的两种茄子：“makhuea proh”，即泰国圆茄子，以及“makhuea phuang”，即水茄（中文也称野茄子或刺茄）。前者形似高尔夫球，非常吻合英文中“茄子”一词的形象（“蛋果”，eggplant），后者则更像一个个绿色的弹珠。炒熟之后，泰国圆茄子会变得非常软，但水茄仍然很有嚼劲，而且苦味很重。

餐厅厨师//
娜塔蒙·赛迭德
地点//
Poj Spa Kar 餐厅

咖喱猪肉炒茄子

PHAT PHET MUU

作为配菜供4人食用

准备时间：1小时
烹饪时间：15分钟

原料

250毫升椰浆

150克猪排肉，切丝

4片泰国青柠叶，撕碎

20克凹唇姜，切丝

2根大的新鲜红泰椒，切丝

20克鲜胡椒

120克泰国圆茄子，简单切块

60克水茄

1小勺棕榈糖

1大勺鱼露

一大把泰国罗勒，只取叶

调味酱

4根小的泰国干辣椒

¼小勺盐

1根柠檬草茎，去除外皮，切碎

3厘米长的一段南姜，切碎

4瓣蒜，切碎

2个红葱头，切丝

1根香菜根，切碎

¼小勺白胡椒粉

½大勺虾酱

½个小的泰国青柠，只取果皮

1 把辣椒和盐放入捣钵中捣碎，随后加入柠檬草、南姜、大蒜、红葱头和香菜根研磨，最后加白胡椒粉、虾酱、青柠皮，捣成细糊备用。

2 炒锅或平底锅内倒入一半的椰浆，中火加热，加入捣好的调味酱，煮沸后搅动几下，汤汁略稠时放猪肉，简单翻炒，直至表面泛起薄薄一层油。改中大火，放入青柠叶、凹唇姜、辣椒（稍微留一点儿备用）、鲜胡椒、两种茄子以及剩余椰浆。继续加热10分钟左右，略加翻炒，直至蔬菜变软，汤汁略稠，此时放入糖和鱼露。如有必要尝尝味道，调整作料。再把大部分罗勒叶放入锅中，翻炒均匀后关火。

3 把炒好的猪肉盛到大盘中，用剩余辣椒和罗勒叶点缀。趁热搭配米饭食用。

烹饪老师//
赛育德·迪翁
地点//
好帮手阿普烹饪学校

泰式炒米粉

PHAT THAI

这道炒米粉似乎凝聚了泰国菜所青睐的一切美妙味道和口感，咸甜软脆，真是一道不得了的炒米粉。

又细又扁的米粉、鸡蛋、虾仁与泰国特有作料一起烹炒，究竟有什么魔力，竟会成为全世界最受欢迎的泰国菜呢？也许正是“phat thai”将每一种泰国最具代表性的味道、原料和口感凝聚在了一起。

曼谷好帮手阿普烹饪学校的赛育德·迪翁（昵称阿普）认为：“泰式炒米粉初入口时是酸的，接着是甜的，最后则是咸的。”传统上讲，菜里的酸味是由酸角这种泰国中部很常见的水果散发的，但在阿普看来没有酸角的话用醋也可以。不管用什么来展现酸味，菜里一般都会放很多糖来平衡这种味道。

味道的多元仅仅是泰式炒米粉魅力的一方面。炒米粉中有饱满的虾仁、筋道的米粉、鲜嫩的鸡蛋以及脆脆的花生和豆芽，口感上也非常丰富。另外米粉的配料可以尽情灵活多变。“如果没有虾，你就用鸡肉、鱿鱼或是猪肉——放开了用，把米粉换成粉丝也没问题。”

可以说，这道菜唯一的“缺点”就是过于讲究。炒一次米粉的量最适合一两个人食用，再多就不好做了，米粉容易粘在一起。当米粉太多，不好翻炒时，阿普会加一点点油和大量的水。如果米粉变得太干，她就多放水，不放油。

由于泰国菜讲究“色”与“味”并重，阿普还建议我们：“先把蛋在平底锅的一侧煎好，不要着急和米粉炒到一起，这样品相更好。”

泰式炒米粉也属于“一菜餐”，在曼谷和泰国中部，一般有了炒米粉就是完整的一顿饭了。

供4人食用

准备时间：30分钟
烹饪时间：15分钟

原料

4大勺食用油

200克老豆腐，切块

4个红葱头，切丝

300克生大虾，去壳

200克干米粉

4大勺腌萝卜，切块

4大勺白醋

4大勺棕榈糖

4大勺鱼露

4大勺虾干（可选）

4个鸡蛋

一小把韭菜，切段

一大把豆芽

4大勺烤花生碎

1个青柠，切瓣

可选作料

辣椒面

鱼露

糖

1 把干米粉放到一大碗水中浸泡20分钟直至变软，沥干备用。

2 炒锅中倒油，中大火加热，倒入豆腐和红葱头不断翻炒直至煸香变色。改大火，放入虾仁翻炒2分钟，虾肉一熟立即放入米粉、腌萝卜、醋、糖、鱼露和虾干（可选），翻炒均匀。如果米粉过黏，可以适量添些水，注意少量多次。

3 把炒米粉拨到一边，锅中打蛋，煎大约1分钟，再同米粉一起翻炒，最后放入韭菜和豆芽炒匀关火。

4 把米粉分盛在4个餐盘中，上面点缀上花生碎，旁边放上几瓣青柠以及辣椒面、鱼露和糖等作料（可选），趁热食用。

"先把蛋在平底锅的一侧煎好，
不要着急和米粉炒到一起，这样品相更好。"

赛育德·迪翁

POTATO

Dusit Thani

甜脆猪肋排

SII KHRONG MUU KRAWP WAAN

猪肋排、亚洲香料，再加上是拉差辣椒酱腌制的白菜，这就是泰国中部“东西合璧”的美食。

近年来，曼谷的国际化大都市范儿日渐成型，餐饮界自然也紧跟潮流。曼谷Benjarong餐厅的丹麦主厨莫顿·尼尔森（Morten Nielsen）就是泰餐国际化风潮中敢于创新的代表。

甜脆猪肋排配是拉差（Sriracha）腌白菜既是尼尔森的招牌菜，也生动诠释了他在泰国菜上的创新思路。他告诉我们：“泰国中部特色的甜脆猪肉外酥里嫩，甜咸可口，是我这道菜的灵感来源。”

但他对甜脆猪肉的处理却剑走偏锋：一般的甜脆猪肉用的都是五花肉块，尼尔森则改用西餐青睐的肋排。烹饪时也不采用烧烤的方法，而是用油炸，挂汁后越发晶莹可口。“肋排吃起来以甜为主，略带咸味，肉咬下去格外软嫩。”

挂汁需要多种香草调味，大蒜、香菜根和胡椒用手捣成酱，无论是用料还是技法，明显是受到了泰式中餐的影响，而且他还大胆强化了这一风味：“我加大了香草的用量，好让香味更浓。”

泰国菜中“平衡”的理念也被他纳为己用，为猪肋排挑选了独特的配菜：是拉差酱腌白菜。“这种白菜类似刚腌制没多久的德国酸菜，看起来像韩国辣白菜，但并未经过发酵，调味用的也是泰国香草。我选择它是因为猪肋排的甜需要一种又咸又辣的味道来平衡。而且它的口感很棒，吃起来脆脆的。”

不过，尼尔森似乎也并不介意省去这个配菜。如他所说：“猪肋排加上一杯上好的啤酒也足够了。”

餐厅主厨//
莫顿·尼尔森
地点//
Benjarong餐厅

甜脆猪肋排

SII KHRONG MUU KRAWP WAAN

作为配菜供4人食用

准备时间：腌制辣白菜需3天，其他准备工作需4小时
烹饪时间：45分钟

原料

500克猪肋排

4大勺老抽

4大勺植物油，还需另备油炸用油

1大勺生抽

1大勺蚝油

2大勺鱼露

240克棕榈糖

2根带叶香菜，切段

2大勺炸红葱头丝（见249页；可选）

是拉差辣白菜

500克白菜，拆散

25克柠檬草，只取白茎，切碎

10克盐

35克姜，切碎

10克新鲜红泰椒，切丝

50克大葱

3大勺红椒粉

1~3大勺是拉差酱，提味用

挂汁

20克大蒜瓣

1大勺碎香菜根

1小勺白胡椒

1. 提前3天开始腌制是拉差辣白菜。把白菜、柠檬草、盐、姜、辣椒、大葱和红椒粉一起装入密封塑料袋，在室温下腌制3天。

2. 烹饪前取出辣白菜，加入是拉差辣椒酱拌匀备用。品尝味道，调整用量。

3. 平底锅中放入猪肋排和清水，使水面刚刚没过肋排，倒入酱油，炖煮2~3小时，直到肉质软嫩。关火沥干。平底锅中倒入油炸用油，开大火，油温足够高时，放入肋排，油炸5分钟至酥脆，捞出备用。

4. 将大蒜瓣、香菜根放入捣罐中捣碎，再加入白胡椒捣成细糊备用。

5. 大平底锅或炒锅倒油，开中小火，加入捣好的糊不停翻炒5分钟至煸出香味。放入酱油、蚝油、鱼露和糖煮开后再翻搅3分钟，直至汤汁略稠。随后改中大火，倒入肋排翻炒，直至其充分挂汁。将肋排盛到大餐盘中，上面摆上是拉差腌白菜，再用香菜和炸红葱头丝（可选）点缀，趁热上桌，配米饭（见249页）食用。

炸虾饼

THAWT MAN KUNG

新鲜海虾炸成香辣虾饼，搭配黄瓜花生蘸酱，既能当小吃，也可做主菜，将泰国风味的妙处展现得淋漓尽致。

人们都知道泰国菜口味重、辣味强，但灵活多变实际上也是其重要的特征，只不过知者寥寥。泰国中部常见的“thawt man”，即将海鲜炸成饼搭配甜辣口味的黄瓜蘸酱，就是这一特点的突出代表。

佛统府桑普兰滨江酒店（Sampran Riverside）的瓦利特·斯缇班（Walit Sitthipan）和我们分享了炸虾饼的制作心得：“这个做法其实由来已久，但我没有用淡水鱼，而是用海虾。我们这个地方离海离河都很近，所以食材的选择很多。我用海虾是因为它味道更甜。”

没错，曼谷以西的佛统府（Nakhon Pathom）位置得天独厚，农业非常发达。位于该府郊区的桑普兰滨江酒店就充分利用了这一优势，它有一个有机农场，专门为餐厅提供所需的食材。瓦利特就是酒店的餐饮部总监。

制作炸虾饼的工序也是可以灵活多变的。标准做法是把所有主料放在搅馅机或料理机里打碎，但瓦利特喜欢手工制馅，先用菜刀的一面把虾肉碾碎，然后把虾蓉、鸡蛋和咖喱酱用手和匀，并反复在碗内摔打馅团以提高黏度。“这个手法其实是中餐师傅做面点时的技巧。用手和馅，能让咖喱酱与虾肉混合得更匀。”

炸虾饼的吃法也不是一成不变的。“炸虾饼既可以当作开胃菜也可以是主菜。如果做主菜，我推荐配菜用炒菜而不要用咖喱菜，因为咖喱菜和炸虾饼的味道太像了。”

这道菜里唯一必须坚持的就是味道，用瓦利特的话说：“炸虾饼必须带点儿辣味——不想太辣的话就少放些咖喱酱，而搭配的蘸酱则必须是微甜的。”

餐饮部总监//
瓦利特·斯缇班
地点//
桑普兰滨江酒店

炸虾饼

THAWT MAN KUNG

作为配菜供4人食用

准备时间：30分钟
烹饪时间：15分钟

原料

300克生大虾，去壳

1小勺生抽

1小勺蚝油

1½小勺红咖喱酱

3片泰国青柠叶，切丝

50克豇豆或豆角，切丝

1个鸡蛋，打散备用

油炸用食用油

黄瓜蘸酱

90克黄瓜，切块

25克烤花生碎

6大勺甜辣椒酱

1 小碗中加入黄瓜、花生碎和甜辣椒酱，拌匀备用。

2 用菜刀的一面碾碎虾肉，简单切一下。碗中放入虾肉、酱油、蚝油、咖喱酱、青柠叶、豆角和蛋液。用手将原料充分搅匀，边搅边揉。用手摔打馅团，反复约5分钟。

3 大平底锅倒油，中火加热，把馅团拍成一个个1厘米厚的虾饼，分批轻轻放入锅内油炸约2分钟，至颜色金黄全熟。关火，用厨房纸吸干表面的油后趁热或温热时上桌，搭配蘸酱，做开胃菜或主菜皆宜。

“炸虾饼必须要带点儿辣味——
不想太辣的话就少放些咖喱酱。”

瓦利特·斯缇班

RIVERSIDE

泰
中
地主神位
日進千家寶
時招萬里財

鲜蔬蘸辣椒椰酱

NAM PHRIK LON

"nam phrik"意为辣椒酱，在泰国菜里由来已久，因为其中有椰脂、香草和水果而显得芳醇柔和。想试试这道甜、辣、咸俱备的美味，赶快看看哪里能买到蛇皮果吧。

泰国菜中，以辣椒为主料的蘸酱或蘸水都叫"nam phrik"，花样繁多，是泰国餐桌上的常客。曼谷Bo.lan餐厅的杜昂蓬·松吉萨瓦（Duangporn 'Bo' Songivsava，昵称阿波）告诉我们："辣椒酱通常用来搭配各种蔬菜，这种小食在泰国随处可见，是讲究平衡的泰式美食中的重要角色。"

椰子酱（lon）与辣椒酱类似，但较为少见，主要见于曼谷和泰国中部地区。"一般来说，椰子酱以椰浆为主，通常还会放入多种腌制过的原料，口味柔和，入口偏甜。不少辣椒酱带有酸味，而大多数椰子酱不酸。"

上述两者的混搭就更罕见了，这道"nam phrik lon"就是一个另类，将做辣椒酱要用的辣椒面与做椰子酱要用到的椰脂融合到一起。这种做法由来已久，属于泰国中部菜系，所以会用到"ma euk"、椰脂和"sala"三种原料。"ma euk"就是毛茄。"sala"源自印尼，也就是蛇皮果。对于这两种并不常见的原料，阿波说："如果你找不到毛茄，可以改用灯笼果（cape gooseberry），但蛇皮果真的没办法取代。"

虽然辣椒椰子酱里需要放大量辣椒，但阿波认为并不用因此而打退堂鼓。"如果你是在家做这道菜，口重是应该的，因为它本来就是用来下饭的。"他还强调了味觉上的平衡："这道菜只该是入口辣，之后能品到甜味，另外因为它本身是蘸酱，所以也要足够咸。"

和辣椒酱与椰子酱一样，辣椒椰酱也是用来搭配各种新鲜或焯过的蔬菜、水果和香草食用的。由于这种酱味道浓重，阿波建议再搭配一道较为清淡的菜："为了平衡辣椒酱的辣，你可以再吃些口味清淡的咖喱菜或炒菜。"

主厨//
杜昂蓬·松吉萨瓦
地点//
Bo.lan 餐厅

鲜蔬蘸辣椒椰酱

NAM PHRIK LON

作为配菜供4人食用

准备时间：30分钟
烹饪时间：15分钟

原料

60毫升椰脂

1小勺棕榈糖

1大勺鱼露

½小勺盐

1大勺酸角酱（见13页）

2块嫩姜，去皮切碎

2块白姜黄，去皮切碎

1个青柠，切薄片

25克藤黄（可选），切碎

20克蛇皮果，去皮切碎（可选）

调味酱

½个橙子，取皮

15克虾干

3~5只中等大小的大虾，煮熟后切碎

1小瓣蒜，切碎

2根新鲜红泰椒

22克毛茄（可选）

1大勺虾酱

可蘸食的果蔬（自选）

白姜黄，去皮切片

豇豆或豆角，切成4厘米的段

黄瓜，切片

秋葵，焯一下纵向剖开

蒲桃，切条

杨桃，切条

蒌叶（有时误称为槟榔叶）

可食用的花瓣

1 在捣钵中放入橙皮、虾干、虾肉、大蒜、辣椒、毛茄和虾酱，简单捣碎备用。

2 中等大小的平底锅内倒入椰脂，小火煮沸，加入捣好的酱，继续煮5分钟左右直至有香味飘出。加入糖、鱼露、盐和酸角酱，搅匀。最后放入姜，根据情况还可放入白姜黄、柠檬、毛茄和蛇皮果，煮沸。

3 关火使其自然冷却至室温，搭配米饭以及各种新鲜果蔬食用。

“如果你是在家做这道菜，
口重是应该的，
因为它本来就是用来下饭的。”

杜昂蓬·松吉萨瓦

椰子糕

KHANOM BA BIN

这款椰子糕凝聚了椰子的芬芳、棕榈糖的朴实甜蜜与鸡蛋特有的香味，正是对泰国中部经典甜品的创意解读。

泰语中“khanom”一词常被译作“餐后甜点”，实际上它指的更像是甜味小食，无论什么时间来一点儿解解馋都不错。面糊和椰肉混合煎烤而成的椰子糕就是这类食物在泰国中部地区的经典代表，它们通常为硬币大小。

和其他泰国小甜食一样，从前椰子糕很可能只在某些特定的场合或仪式上才能吃到，现在则无所不在，在曼谷北部的昔日皇都大城尤为如此。达侬萨格·尤德外（Tanongsak ‘Dtong’ Yordwai，昵称阿东）告诉我们：“椰子糕需要用到很多椰子，所以只有在泰国中部平原和南部地区才能吃到。”这些地方正是泰国的椰子主要产地。在大城，一般都是路边摊或移动美食车上出售椰子糕，摊主几乎全是穆斯林。“街边卖的椰子糕外皮酥脆，颜色棕黄，有坚果香，很像法式椰香马卡龙，但我并不知道两者是否有渊源。”

阿东在曼谷高端餐厅Nahm主要负责甜品，他决定把椰子糕做出新意。“我们这里的椰子糕是烤箱里烤出来的，它并不会出现在标准的甜品单中，而是专为生日这样的特殊场合准备的。”除了烹饪技法和品相上的创新，阿东选用的原料也很独特。“我们的做法跟街边卖的椰子糕不一样，我们不用白糖，加的鸡蛋也更多，面粉反倒要少一些。”

不过，阿东改良的椰子糕还是保留了它原有的紧实质感和风味，由于做法上有所变化，所以采用了一些不常见的配料来保持特性。“配料里加了竹芋粉来保持黏性。”竹芋粉属于木薯类淀粉，是泰国甜点中的常见原料，在大超市或有较多亚洲进口食材出售的地方应该可以买到。

餐厅主厨//

达侬萨格·尤德外

地点//

Nahm餐厅，曼谷

椰子糕

KHANOM BA BIN

供8人食用

准备时间：1.5~2小时
烹饪时间：45分钟

原料

120克糯米粉

2大勺普通面粉

2大勺竹芋粉

一撮盐

120毫升清水

30毫升椰油

300毫升椰脂，另外准备2大勺用来浇汁

250克棕榈糖

350克成熟椰肉（大约需要2个椰子），刨丝

350克嫩椰肉（大约需要2个椰子），刨丝

3个大鸡蛋

1 大碗中放入两种面粉、竹芋粉和盐，用清水和面。覆保鲜膜，醒至少1小时。

2 烤箱预热至180℃，取直径或边长25厘米的圆形或方形烤盘，盘底均匀涂抹椰油。

3 中等大小的汤锅内倒入180毫升椰脂和糖，小火煮沸。关火晾凉备用。

4 将晾好的椰脂与醒好的面搅拌混合，过筛网滤入大碗中。加入两种切好的椰丝并逐个打入鸡蛋，倒入剩余的120毫升椰脂，搅拌均匀。将混合物倒入准备好的烤盘，淋上两大勺椰脂，入烤箱烤45~60分钟，至表面呈金棕色。待温度降低后即可上桌。

"街边卖的椰子糕外皮酥脆，
颜色棕黄，有坚果香，很像法式椰香马卡龙。"

达侬萨格·尤德外

กว้างเจียบเซีย
廣捷聲

茉莉布丁配热带水果沙拉

KHANOM DAWK MALI

这道带着茉莉清香的创意布丁就好像是西班牙与泰国风情的结合。经过大厨伊恩·吉缇柴的妙手，琼脂变得犹如意式奶冻般丝滑。

茉莉布丁也叫“jasmine flan”，是曼谷餐厅Issaya Siamese Club里的一款甜品，问起其来源，餐厅主厨伊恩·吉缇柴告诉我们：“我曾经在春天的纽约城里生活过一段时间，当时都快被樱花烦死了，什么甜品菜单上都有樱花，但我真的受不了那个味道。为此我打算找个泰国的素材替换，于是我就想到了茉莉。”

但茉莉入菜总需要一个“载体”，于是生于曼谷的伊恩再次回到泰国饮食传统中寻找灵感。“我的这道菜灵感来自‘kathi wun’，也就是泰式椰冻，因为加入了琼脂，这种椰冻的口感有点儿‘Q弹’，但我希望它的质地更柔软一些，并加入茉莉的味道。茉莉布丁的成品类似人们熟悉的西班牙焦糖布丁（flan），我也将其称作‘flan’。”

琼脂是一种从海苔中提取的胶状物，没有味道，常用于亚洲甜品中。为了制作茉莉布丁，伊恩减少了琼脂的用量，并加入了多脂奶油，使其口感不像亚洲人一贯喜欢的传统琼脂甜品那么“弹”。他认为自己的创新要实现的是“质地柔顺，奶香丝滑”。

在他的餐厅里，这款甜品的“伴侣”听起来也很有异域情调，比如法式脆米饼和茉莉冰激凌。比起这两种甜点的“纯技术活”，热带水果沙拉则好做得多，喜欢的话，沙拉上还可以加点儿脆脆的爆米花和酸酸的百香果糖浆。他还建议：“用菠萝蜜、火龙果和芒果搭配这款甜品也可以，芒果的味道还是比较温和的。”

不管是水果沙拉还是布丁本身，都应该冰透了再上桌，堪称暖春或酷夏的完美甜品或小食。伊恩认为茉莉布丁配热带水果沙拉非常适合当作一道甜品享用，因为冰着吃真的很提神消暑。

餐厅主厨//
伊恩·吉缇柴
地点//
Issaya Siamese Club，曼谷

茉莉布丁配热带水果沙拉

KHANOM DAWK MALI

供4人食用

准备时间：实际准备时间30分钟，冰镇2小时
烹饪时间：15分钟

原料

1克琼脂粉

275毫升高脂奶油（即膏状硬奶油）

40克糖

2~3滴茉莉萃取物

水果沙拉

250克新鲜热带水果，切块即可，可用芒果、菠萝蜜、火龙果或橘子等

点缀（可选）

爆米花

百香果糖浆

1 汤锅内放入琼脂和奶油，中火煮沸。加糖搅拌，至糖完全溶化。关火，加入茉莉萃取物搅匀。

2 将混合液平均倒入4个80毫升的模子中，冰镇至少2小时至结冻。

3 将模子扣到小盘中，倒出布丁，搭配热带水果沙拉和喜欢的点缀即可上桌。

32

脆皮椰子挞

KHANOM KHROK

香甜可口、又脆又嫩的椰子挞个头小巧，食材也只是椰浆和米糊，味道却如此无与伦比。

泰语中的“khanom khrok”直译为“钵仔糕”，因为它的外形很像圆圆的小钵，而“khanom”指的就是小甜食。这种椰子挞在曼谷和泰国中部地区比较常见，而且深受人们喜爱。

糯米粉、椰浆和糖混合制成的椰子挞只有一口大小，外皮酥脆，内部呈浆状。这样一种有特色的甜点若仅仅按字面的意思翻译为椰子煎饼未免太过简单粗暴，无法体现它的内涵。曼谷阿米塔泰国菜烹饪班（Amita Thai Cooking Class）的比亚瓦迪·简都卢本（Piyawadi ‘Tam’ Jantrupon，昵称阿谭）告诉我们：“椰子挞的口感应该是很温和的，略带嚼劲。”

作为适应性超强的小食，椰子挞不仅简单易做，而且随时随地都能吃到。阿谭回忆说：“过去，椰子挞是当早餐的。这种小食很简单，边走边吃不耽误。我当年在上学的路上就吃椰子挞。摊贩一般早上6点开卖，过了9点绝对买不到，现在则是什么时候都有了。”

和其他泰国甜品一样，椰子挞能够把甜味和咸味的比例拿捏得恰到好处。阿谭认为：“椰子挞不能太甜，必须要有一点儿咸味，许多泰国甜食为了平衡都会加入一点儿咸香味。”

同样，用糯米粉和椰浆制成的米糊，在选择点缀时也是甜咸皆可。“早先，椰子挞都用葱花点缀，现在则是什么都有，南瓜、芋艿、甜蛋黄或是荸荠都行。”

做椰子挞需要一种特殊的煎锅，这种煎锅比较厚重，一般是用黄铜或是铸铁打造的，上面有一个个圆形的小凹槽。在阿谭看来：“这种锅必须又厚又沉，因为椰子挞是小火烤出来的，需要均匀受热。”在泰国某些商店里可以买到这种锅，但其实用西方常见的多孔煎锅也可以。哪怕是用普通的小松饼烤杯，上面加个盖，或是用可以放进烤箱烤制的蛋糕模具都行。

烹饪老师//
比亚瓦迪·简都卢本
地点//
阿米塔泰国菜烹饪班

脆皮椰子挞

KHANOM KHROK

作为小食或甜品供4人食用

准备时间：15分钟
烹饪时间：30分钟

浇汁糖浆

250毫升椰脂

80克糖

¾小勺盐

挞坯

250毫升椰浆

170克糯米粉

1大勺糖

¼大勺盐

油，用来润锅

点缀（可选）

新鲜玉米粒

小葱，切丝

香菜叶

泰国青柠叶，撕碎

嫩椰肉，刨丝

1 中碗内混合浇汁糖浆所需原料，搅拌直至糖完全溶化，置于一侧备用。

2 另一个碗中加入挞坯所需原料，充分搅拌融合，置于一侧备用。

3 椰子挞专用锅或类似的多孔锅上刷一层油，小火加热，倒入挞坯混合液，至凹槽¾处，再倒入浇汁糖浆，还可放入其他点缀。加盖后继续加热约5分钟，直至外皮焦黄酥脆，中心仍呈浆状。小心取出椰子挞，趁热作为小食或甜品食用。

“这种小食很简单，边走边吃不耽误。
我当年在上学的路上就吃椰子挞。”

比亚瓦迪·简都卢本

椰子绿豆糕

MAW KAENG THUA

看似是西式蛋糕，用的却是泰国特有配料，这款泰国中部的甜食真是奇妙非常。

明明像是西式蛋糕，却既不用面粉，也没有发酵，口味香浓甜美之中夹杂着一丝咸味。想给椰子绿豆糕归类还真不容易。

椰子绿豆糕里有棕榈糖、鸡蛋、椰脂和绿豆，味道浓醇，是泰国中部平原地区常见的甜点。曼谷的糕点师阿查莉娅·本娅泊萨亚（Achareeya 'Nai Noi' Boonyaboosaya，昵称小老板）解释说："在盛产椰子和棕榈糖的地方才能找到这种食物。"

这种烘焙美食在泰语中叫"maw kaeng"，尽管里面加入了泰国特有的原料，但是乍一想还是让人感觉不可思议，因为很少有泰国人家里有烤箱。过去人们用放在灶台上的砂锅烘焙椰子绿豆糕，这也是它名字的由来——"maw kaeng"的原意就是做咖喱用的砂锅。根据她的解释，当时的泰国人会给砂锅加个金属盖，上面堆上火炭以实现"烘焙"的效果。小老板建议现在也可"如法炮制"，把糕点放在烤箱最上层，这样更容易让蛋糕外皮酥脆。

这种糕点也可以在主料不变的前提下进行诸多添加或调整。小老板认为："用芋艿、南瓜或者大豆做配料都可以。我还见过有人在上面放莲子，栗子也是不错的选择。"

"味道香醇自是极好，但不能太甜。它通常是泰国人下午的一道小食，而非餐后甜点——那样太腻了。椰子绿豆糕里面还应该有些咸香味，加炸红葱头丝主要就是为了这一点。我的做法里用到了豆子，好让鸡蛋的味道不至于过重。"

这位糕点师认为制作这款点心大可以"随心所欲"，诚如她所言："没有棕榈糖就用白糖，只不过香味会变淡一点儿而已。我还用过香草精——效果很特别！"

糕点师//
阿查莉娅·本娅泊萨亚
地点//
曼谷

椰子绿豆糕

MAW KAENG THUA

作为小食或甜点供4人食用

准备时间：3小时
烹饪时间：1小时

原料

85克绿豆

3~4大勺植物油，外加少量用来润锅

2个红葱头，切丝

100克棕榈糖或白糖

3个鸡蛋

一撮盐

2片香兰叶

120毫升椰浆

1 绿豆提前3小时或一夜放入水中泡开。仔细清洗后用蒸锅（或电饭锅）蒸煮30~35分钟至变软，晾凉备用。

2 烤箱预热至160℃，取直径20厘米的圆烤盘或4个小型模具，刷油备用。

3 小煎锅内倒油，小火加热，将红葱头丝炸至金黄酥脆后捞出备用，并留一大勺底油备用。

4 中碗中加入糖、鸡蛋、盐和香兰叶，用手混合揉捏并挤出香兰叶的香味，扔掉叶子，用滤网将混合液滤入另一个碗中。用手或台式搅拌机搅拌混合液，直至发白起泡，备用。

5 用搅拌机或料理机使绿豆、椰浆和预留的一勺底油充分混合，直至质地柔滑均匀。加入处理好的蛋液搅匀，全部倒入烤盘或烤杯中，烘焙25分钟后取出。撒上炸红葱头丝，放回烤箱再烤5分钟，直至质地紧实，颜色金黄。放在架子上冷却至室温，即可作为小食或甜点食用。

椰浆木薯条

PU NGAT

软嫩的木薯条和水果浸泡在甜咸兼具的椰子汤汁中，虽在当地少有人知，却是极具泰中特色的一道甜点。

不夸张地说，“pu ngat”绝对是一道神秘美食。曼谷Bo.lan餐厅的杜昂蓬·松吉萨瓦（昵称阿波）告诉我们：“‘pu ngat’一词在泰语中没有明确的含义，也没人知道这名字是从哪里来的。我是从一本古老的烹饪书里找到了这种做法。”

但至少在阿波看来，“pu ngat”，也就是甜椰脂泡木薯条、香蕉和土豆，是从泰国一种名叫“buat”（泰式西米露）的甜品演变过来的。她告诉我们：“‘buat’就是把某些富含糖的水果或蔬菜放到椰脂里烹煮，这种甜品在泰国中部超级受欢迎，南瓜、香蕉、芋艿或红薯都是可选的食材。”

传统上，制作泰国西米露时需要把含淀粉的原料放在熟石灰溶液中浸泡。这东西在泰语中叫“nam poon sai”，有时也叫作酸化石灰水或石灰石溶液，实际就是氢氧化钙和姜黄的混合水溶液。煮水果时先用石灰水泡一下，能让水果不易散开。另外，在制作泰式炸面糊时，面糊入油前会加入些熟石灰水，这样炸出来会更酥脆。

此外，Bo.lan餐厅制作这道菜的最后一道工序也很不寻常，那就是用一种特制的蜡烛对成品进行熏烤，蜡烛里不但有香木和多种精油，更加入了麝猫香。“这么做是为了让食物吸收更多的精华，使其香味更为多元。泰国菜的重点并非只有口味，也很讲究香气，但人们常常忽视这一点！”

阿波还说：“我非常喜欢这道极具泰国特色的甜点，它既不用面粉也不用鸡蛋，做法也非常简单。但和所有泰国甜点一样，里面可以尝出咸味，这是用来平衡甜味的重要元素。”

餐厅主厨//
杜昂蓬·松吉萨瓦
地点//
Bo.lan 餐厅

供4人食用

准备时间：1小时
烹饪时间：30分钟

原料

60克香蕉，切成4厘米的块

60克芋艿，切成4厘米的块

60克红薯，切成4厘米的块

1升熟石灰水（可选）

120克木薯粉

3大勺水，加几滴香兰精油或食用色素

250毫升椰脂

60克糖

1小勺盐

1片香兰叶，打结

1根泰国香熏蜡烛（可选）

1 大碗中加入香蕉、芋艿、红薯和熟石灰水（可选）。静置15分钟后，沥干备用。

2 中碗中倒入木薯粉和水，和成面团，搓成铅笔粗细的条，切成4厘米长的段，备用。

3 大汤锅中放入香蕉、芋艿和红薯，注水没过表面，加热沸腾后继续煮20分钟至绵软。不用关火，用漏勺将煮好的果蔬捞出备用，趁水开陆续下入木薯条，煮至浮起后捞入冰水中拔凉，沥干备用。

4 另取一个汤锅，放入椰浆、糖、盐和香兰叶（可选），中火加热，搅拌2分钟至糖和盐全部溶解，煮开后放入香蕉、芋艿、红薯和木薯条再次煮开。关火，取出香兰叶（如有），晾凉至室温。点燃泰国香熏蜡烛（如有），用大碗将蜡烛和成品扣在一起（蜡烛会很快熄灭），30分钟后取出，分盛到碗中即可上桌。

“泰国菜的重点并非只有口味，
也很讲究香气。”

杜昂蓬·松吉萨瓦

แอนด์ จิวเวลรี่
เยาวราช
ห้างทอง ป. สุวรรณ

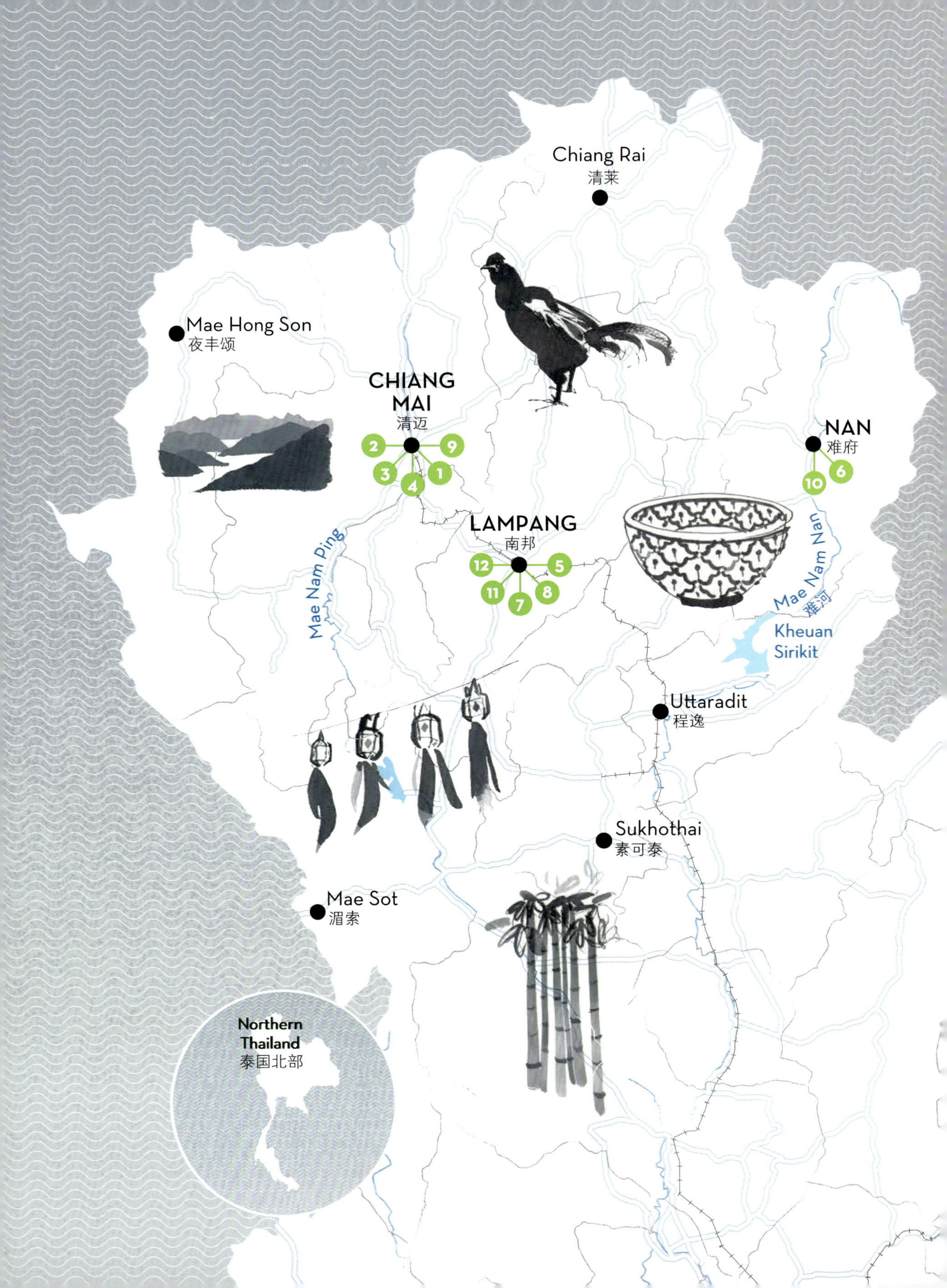

Chiang Rai
清莱
Mae Hong Son
夜丰颂
CHIANG MAI
清迈
2
9
3
1
4
NAN
难府
6
10
LAMPANG
南邦
12
5
11
8
7
Mae Nam Ping
Mae Nam Nan
难河
Kheuan Sirikit
Uttaradit
程逸
Sukhothai
素可泰
Mae Sot
湄索
Northern Thailand
泰国北部

泰国北部

口味柔和，讲究应季而食，遵循古法烹饪。

泰国北部 风味辣鸡汤

YAM JIN KAI

虽是泰国经典汤食，却具有鲜明的泰北特色，以多种干香辛料将酸的青柠汁取而代之，突出了咸香的口味。

泰国中部有一种新鲜香草、辣椒、青柠汁和虾煲出的酸辣汤，叫作“tom yam”，说的就是大名鼎鼎的冬阴功汤。其实，泰国北部的“yam jin kai”和冬阴功汤很相似，但它即便是在泰国国内也鲜有人知。

阿玛拉·柴帕瑟特（Amara ‘Aum’ Chaiprasert，昵称阿姆）是清迈黛兰塔维度假酒店（Dhara Dhevi Chiang Mai）泰餐厅Le Grand Lanna的副厨，她告诉我们：“这种辣汤里会放许多香辛料，所以要比泰国中部的冬阴功汤香味更浓。”阿姆所说的这些香辛料里面包含多达10种配料，其中既有较为常见的香菜籽，也有比较罕见的美洲花椒（prickly ash；见130页），泰国北部特色的“肉沙拉”（laap，类似中餐的凉拌菜）常用这种泰国的“十三香”调味。

辣汤与泰国中部的冬阴功汤的另一个区别就是咸香味。土生土长的清迈人阿姆解释道：“泰国的北方人不爱吃甜，所以这道菜完全不放糖。”

但和冬阴功汤相似的地方在于，新鲜的香草对泰北的辣汤来说同样十分重要，它们可是底汤不可或缺的原料。阿姆在做这道汤的时候也进行了改良，上桌前她会把那些口感粗糙的香草（如南姜、柠檬草和泰国青柠叶）从汤里滤出来，仅保留其香味。当然，这些香草留在汤里也可以，但和西餐中的月桂叶一样，它们仅用来提味，并不可食用。

新鲜的香草还可用作汤上的点缀。“辣汤里使用了越南薄荷和刺芹。如果没有，也可以用普通的薄荷和香菜。”

辣汤的主料灵活多变，从蛙到淡水鱼都可，但阿姆说：“我们通常都用鸡肉。辣汤里从来不放海鲜，那可不是北方特产！”

餐厅副厨//
阿玛拉·柴帕瑟特
地点//
Le Grand Lanna餐厅，清迈

泰国北部风味辣鸡汤

YAM JIN KAI

供1~2人食用

准备时间：15分钟
烹饪时间：30分钟

原料

700毫升鸡汤或清水

一块拇指大小的南姜，去皮切丝

1根柠檬草茎，去外皮，简单切段

2片泰国青柠叶，撕碎

100克鸡胸肉

1大勺虾酱

1小勺鱼露

1大勺肉沙拉混合香辛料（参见130页“泰国北部风味碎猪肉沙拉”）

1根带叶越南薄荷或普通薄荷，切碎

1根小葱，切碎

1根带叶刺芹，切碎

糯米饭，做主食

1 大平底锅倒入鸡汤或清水，大火煮沸后改中小火，放入南姜、柠檬草和泰国青柠叶煮30秒。随后放入鸡肉煮10分钟至全熟，捞出鸡肉令其自然冷却，用漏勺捞出南姜、柠檬草和泰国青柠檬叶扔掉，底汤备用。

2 鸡肉凉至适宜温度时，用手将其撕成鸡柳备用。

3 底汤煮沸，放入虾酱、鱼露和肉沙拉混合香辛料，搅拌均匀后改小火。如有必要品尝味道，调整作料。加入鸡柳煮沸后关火，撒上薄荷、小葱和刺芹。盛入大碗中，趁热搭配糯米饭（见248页）食用。

糯米饭

在泰国北部和东北部，人们常以糯米饭（khao neow）做主食。一般来说，当地人只在早上蒸糯米饭，分量够一家人吃一天，做好后装到“kratib khao neow”，即大圆筲箕里，盖上盖子后能保证米饭一天不干，松软可口。吃的时候把饭攒成橄榄大小的一团，要么直接吃，要么蘸酱汁或菜的汤汁吃。

餐厅副厨//
阿玛拉·柴帕瑟特
地点//
Le Grand Lanna餐厅，清迈

腌猪肉炒鸡蛋

JIM SOM KHUA KAP KHAI

腌猪肉的酸味与鸡蛋浓郁的味道混搭，造就了这道极具泰国北部特色的炒菜。

这道菜不会是如今融合菜风潮的先驱吧？在清迈黛兰塔维度假酒店Le Grand Lanna泰国餐厅的副厨阿玛拉·柴帕瑟特（昵称阿姆）看来，似乎正是如此。腌猪肉是泰国北部的特色食材，而炒菜这种中国传来的烹饪技法则是泰国中部的专属。两种原本毫不相关的元素相融合，就有了这道泰国北部相当常见的腌猪肉炒鸡蛋。

据阿姆讲，“jin som”的字面意思是“酸肉”，能给这道菜增加一些酸味。制作酸肉需把猪肉、大米和作料混在一起，然后包在香蕉叶里或者盛在陶罐里发酵三天。制成的酸肉可以单吃（生吃熟吃都行），也可以做汤、沙拉或炒菜。腌猪肉在泰国北部备受喜爱，出售亚洲进口食材的超市一般都能买到，泰国中部地区更为流行的叫法是“naem”。

在这道菜里，腌猪肉的酸味在鸡蛋的衬托下变得温和了许多。阿姆说：“我们做这道菜要用到三种蛋：生蛋、皮蛋和煮蛋，客人一次就能品尝诸多风味。”预调作料、香草和香辛料的加入也进一步平衡了腌猪肉的酸味。这里用的作料有糖、酱油、蚝油和鱼露，在泰式炒菜中可谓“标配”。“我们会放新鲜的大蒜，取其香气。有些人喜欢用泡蒜，但那样一来就太甜了。通常做这道菜要放新鲜辣椒，我们餐厅则改用白胡椒，这样既有些许辣味，又不至于让客人难以接受。”阿姆补充道。

“我们做这道菜要用到三种蛋：
生蛋、皮蛋和煮蛋。
客人一次就能品尝诸多风味。”

阿玛拉·柴帕瑟特

作为配菜供4人食用

准备时间：15分钟
烹饪时间：15分钟

原料

2大勺植物油

2瓣蒜，切末

3根新鲜鸟眼椒（可选），切丝

100克腌猪肉，简单切块

1个鸡蛋

1小勺糖

1小勺生抽

1小勺鱼露

1小勺蚝油

1根大的新鲜红泰椒或绿泰椒，切丝

1根小葱，改刀

½个煮全熟的皮蛋，切成4瓣

½个煮全熟的咸鸡蛋，切成4瓣

½个煮全熟的鸡蛋，切成4瓣

一撮白胡椒粉

1 炒锅或大平底锅内倒油，中火加热，放入大蒜和鸟眼椒（如有）略加翻炒。放腌猪肉，打入生鸡蛋继续翻炒，刚一炒熟立即加入糖、酱油、鱼露和蚝油。

2 改大火，放泰椒、小葱、皮蛋、咸鸡蛋和煮鸡蛋，略加翻炒。如有必要品尝味道，调整作料。

3 关火装盘，撒少许白胡椒粉，趁热搭配米饭（见249页）食用。

清迈风味猪肉咖喱

KAENG HANG LAY

泰国北部的经典咖喱菜式，五花肉、温和的香辛料、姜和酸角酱，精妙诠释了泰国菜多元而平衡的特点。

在泰国北部传统节日上和清迈专门面向游客的餐厅里，总少不了这道用五花肉、香辛料、生姜和大蒜烹制出的“kaeng hang lay”，这种味道浓重的猪肉咖喱可谓泰国北部最具代表性和人气的美食之一。然而事实上，这道菜很可能是舶来品。清迈罗望子乡村酒店（Tamarind Village）瑞恩罗望子餐厅（Ruen Tamarind）的蓬萨克·斯里盘（Pongsak Siriphan）告诉我们：“我认为猪肉咖喱的做法源自缅甸，因为它放了太多的香辛料，这对泰国菜来说太不寻常了。”

他提到的这种混合香辛料在当地被称作“phong hang hay”，由10种以上的香料混合而成。“过去市面上没有这种香辛料，人们都自己做。如果你买不到，可以用印度什香粉（garam masala）代替。两者基本上是一样的。”

但混合香料也只是猪肉咖喱中的元素之一，这道菜真正展现的是泰国菜里的几乎每一种味道。“这道菜既有点儿酸，也有点儿甜，因为里面有酸角酱和糖。放盐也是比鱼露更好的选择。”

和许多家常菜一样，猪肉咖喱的做法也千差万别。蓬萨克告诉我们：“光是在泰国北部，这道菜就有多种做法。我们这里除了用五花肉，也用猪肩肉，这样就不会太腻。有些人会放泡蒜，但这样一来就会比较甜。你也可以放现成的红咖喱酱，它与自制的咖喱酱其实相差无几。”

蓬萨克说：“烹制猪肉咖喱看起来很复杂，但实际上很好做，只是需要足够的耐心。我们会先把猪肉腌一腌，让它入味。有些人甚至会提前一晚腌上，这样做出来更好吃。烹饪时也不可心急。猪肉咖喱是典型的慢火菜，应该小火慢炖，直至汤汁浓稠。毕竟这是咖喱，不是汤。”

餐厅厨师//
蓬萨克·斯里盘
地点//
瑞恩罗望子餐厅，清迈

清迈风味猪肉咖喱

KAENG HANG LAY

作为配菜供4人食用

准备时间：1小时
烹饪时间：1小时

原料

500克五花肉，切成4厘米的块

1大勺泰国北部混合香料或印度什香粉

3大勺棕榈糖

1升水

1大勺老抽

2大勺酸角酱（见13页）

6~8瓣蒜

4~6个红葱头，对半切

3大勺姜末，做点缀

咖喱酱

5~8根大的干泰椒

1厘米长的一段南姜，切薄片

1根柠檬草茎，去外皮，切段

4瓣蒜，切末

1小勺虾酱

3个红葱头，切丝

1 使用捣钵或料理机，每次加入一种制作咖喱酱所需的配料，捣好后再放下一种。

2 大碗内放入捣好的咖喱酱、五花肉以及混合香辛料或印度什香粉拌匀。室温下静置至少30分钟，也可在冰箱里放一夜入味。

3 炒锅或大平底锅放入腌过的猪肉和水，中火煮沸后改小火。放入糖、酱油和酸角酱搅匀，煨煮20分钟，如有必要品尝味道，调整作料。放入大蒜和红葱头搅匀后再煮10分钟。盛入大碗中，用姜末点缀。凉至温热或室温时上桌，搭配糯米饭（见248页）食用。吃剩的咖喱可以用来制作咖喱炒粉，见144页。

烹饪老师//
尼迪蓬·蒙根
地点//
小房子泰国菜烹饪学校，清迈

泰国北部风味碎猪肉沙拉

LAAP MUU KHUA

猪肉末加上奇妙的香辛料，辅以新鲜香草，咸香可口。名为“沙拉”却不像沙拉，这是泰国北部的独创，你在别处的泰餐馆绝对吃不到这个味儿。

肉沙拉（laap、larp或larb）是泰国东北部的特色菜肴，用猪肉末搭配香草做成，味道酸辣，现在在泰国以及世界各地都能吃到。但泰国北部的肉沙拉与这些沙拉全然不同。清迈小房子泰国菜烹饪学校（Small House Thai Cooking School）的尼迪蓬·蒙根（Nitipong ‘Arm’ Moong Ngern，昵称手臂哥）告诉我们：“泰北的肉沙拉，光是香辛料就要用到十种。”

饭店里常见的肉沙拉其实是泰国东北部风味，主要靠青柠汁、鲜辣椒和香草来刺激味蕾。但泰国北部的人们并不喜欢这些“带水”的调料，而是更偏爱“干货”，而且用的干香料在泰国其他地方的料理中非常罕见，尤其是其中的一味美洲花椒（makhwaen）。该调料英文中叫“prickly ash”，最有名的特点就是不但有味，而且更“带感”。据手臂哥所说：“美洲花椒能让嘴巴微微发麻，味道强烈，有点儿像四川的花椒。”其他经常出现在泰北肉沙拉中的作料还包括大料、肉桂、香菜以及更为奇特的荜拨。

这道菜用的肉也非常关键。“一般的肉沙拉都用牛肉或者猪肉，也有个别用鸡肉和水牛肉做的。其实你用什么肉做都行，在偏远地区有人甚至会用鹿肉或巨蜥肉。”不管用什么肉，口感最重要，手臂哥在这一点上非常坚持：“商店买的猪肉末肯定不够细，亲手操刀才能剁出理想的口感。”

泰北肉沙拉的奇妙之处不光是肉本身，当地一般会在沙拉中加入动物内脏，有时还会放血豆腐。这样问题就来了，这种沙拉是生熟吃法都有的，到底应该怎么做才好呢？手臂哥本人更倾向于做熟了再吃，原因听起来很有道理：“生着吃味道太冲，而且万一有寄生虫怎么办？”

不管用什么料，怎么做，为了与这道满是肉的沙拉相平衡，上菜的时候总会再给你端上一大盘子蔬菜和香草。“如果只吃肉，这道菜就太腻了，你要搭配白菜、茄子、豇豆和新鲜香草一起吃。别忘了再来一碗糯米饭。”手臂哥如是说。

作为配菜供4人食用

准备时间：1小时
烹饪时间：15分钟

原料

4大勺食用油

1瓣蒜，切末

200克猪肉末

100克猪内脏（猪肝和猪腰），切碎

¼小勺盐

1根带叶薄荷，薄荷叶切碎

1根小葱，切碎

一把香菜，切碎

1大勺炸蒜末（见248页）

混合香辛料

¼小勺干辣椒

½小勺香菜籽

¼小勺美洲花椒

¼小勺荜拨

¼小勺丁香

¼小勺大料

¼小勺肉桂

¼小勺泰国小豆蔻

¼小勺黑胡椒

¼小勺盐

配菜（可选）

白菜

生菜叶

泰国圆茄子，切条

豇豆或豆角

黄瓜，切条

薄荷叶、香菜和/或泰国/越南罗勒叶

1 小平底锅小火加热，放入除盐外的混合香辛料干炒，直至颜色变深，有香味飘出。晾凉后放入捣钵或咖啡豆研磨器中研磨。加盐拌匀备用。

2 炒锅或大平底锅内倒油，中火加热。油热后放入切好的大蒜、猪肉、内脏和处理好的混合香辛料一起翻炒，直至肉全熟。放盐，如有必要尝尝味道，调整作料。关火，放入一半的薄荷叶、小葱和香菜拌匀。

3 盛入大盘中，将剩余薄荷叶等香草以及炸蒜末点缀到上面。可趁热或凉至室温后，搭配各种新鲜蔬菜和糯米饭（见248页）食用。

"商店买的猪肉末肯定不够细，亲手操刀才能剁出理想的口感。"
尼迪蓬·蒙根

猪肉蔬菜蘑菇汤

KAENG KHAE MUU

朱依布·东迪女士在南邦Kao Jao市场里售卖自己煲的汤。她的蔬菜蘑菇汤营养丰富，每种原料都是从这个市场直接采购来的。

蔬菜蘑菇汤很受当地人欢迎，用料都是当地的蔬菜和蘑菇，既有种植的，也有野生的，有时还可以放肉进去一同煮。这种汤用料满满，足够让人吃饱，说是炖菜或咖喱菜也许更贴切。除了味道鲜美飘香外，泰国北部的居民更将它视为一种药膳而时常享用。

朱依布·东迪（Junob Tongdee）就在Kao Jao市场上出售自己煲的蔬菜蘑菇汤。这片市场紧挨着从南邦火车站延伸出来的铁轨，已有百年历史，今天依然在售卖泰国北部传统的食材和菜肴，远近闻名。市场里摊贩们卖的野生蘑菇和香草都是从附近森林里采摘的。朱依布强调："我做每道菜用的都是当地的蔬菜、香草和蘑菇，原料在这一带很好找。"

无论是烹饪手艺还是这个市场本身，对朱依布来说都不能再熟悉了——她正是从母亲那里接过了现在的这个摊位。朱依布说："我做的每道菜都是从她那里学来的。"每天凌晨3点左右，她就开始忙着洗菜切菜，再用这些新鲜的原料煲五六款汤。她的"露天厨房"就在市场主体区域里一块不大的地方，6点钟她就忙完了准备工作，朝着临街的方向支起一张桌子，把汤分别盛到擦得锃亮的盆中一字排开，而这时已经有顾客上门了。"许多人都是回头客，都是住在附近、每天来这儿买菜的人。"朱依布告诉我们。

从传统上讲，蔬菜蘑菇汤应和糯米饭一起吃，如今也有人和泰国香米一起吃。她做的蔬菜蘑菇汤里面放了猪肉（所以叫猪肉蔬菜蘑菇汤），还有柠檬草和南姜的美妙香味，淡淡地透着腌鱼酱的味道，而且都是现做现吃，热口热心。至于蘑菇，她喜欢用当地一种质地较韧的香菇，给汤增添了一点儿嚼头。但任何一种蔬菜蘑菇汤的灵魂都在蔬菜——绝不能煮老，必须清脆且带着自有的清甜味，每一口下去，都仿佛是"舌尖上的森林"。

厨师//
朱依布·东迪
地点//
Kao Jao市场，南邦

猪肉蔬菜蘑菇汤

KAENG KHAE MUU

供2人食用

准备时间：40分钟
烹饪时间：10分钟

原料

600毫升清水

200克瘦猪肉，切成适合一口大小的块

200克菜心或白菜，切段

5根豇豆或一把四季豆，简单切段

100克嫩豌豆

100克什锦野蘑菇或草菇

2根新鲜红泰椒，掰碎

3片泰国青柠叶，撕碎

1大勺腌鱼酱（可选）

调味酱

2~3根新鲜红泰椒或绿泰椒

10瓣蒜，拍碎

5个红葱头，切碎

2根柠檬草茎，去掉外皮和顶部，切碎

1块拇指大小的南姜，切薄片

½小勺盐

1小勺虾酱

1 做调味酱：辣椒、大蒜、红葱头、柠檬草、南姜和盐放入捣钵中捣20分钟左右成糊，放入虾酱再捣5分钟直至充分混合。

2 中平底锅，加100毫升清水煮沸，放入捣好的调味酱，搅拌约3分钟，确保原料完全溶解，开始飘出香味。

3 锅中放入猪肉，汤沸后继续煮约5分钟至猪肉全熟。倒入剩余500毫升清水，汤沸后转小火煨5分钟。

4 放入掰碎的辣椒和泰国青柠叶，随后加入蔬菜和蘑菇。煨煮2~3分钟——蔬菜刚刚熟就好，要保留一定的脆度。关火，加入腌鱼酱（可选）最后搅拌一下，立即上桌。

蕉叶烤鲶鱼

AEB PLA DUK

把混合了香料的肉类（通常是鱼肉）裹在蕉叶里烤熟，这类食物在泰国北部叫“aeb”。而纳别布·噶木桑女士制作并售卖这种美食的动机只有一个，那就是爱。

纳别布·噶木桑（Rabiab Kamsang）女士在难府之所以家喻户晓，就是因为她做的“aeb”（蕉叶粽）。这种泰国北部美食常常以鱼肉为主料，用香料腌制入味后再用蕉叶包好，放到火上烤熟。这是泰国北部常见的街头美食，是边走边吃的好选择。只要再来点儿糯米饭，一顿美味简餐就齐活了。

纳别布被当地人称作“Pa Nun”（意为龙姨），只负责在家做菜。她会在早上把做好的东西批发给摊贩，再由这些摊贩拿到城中各处的市场售卖。晚上还会做一批，这次则是由她自己拿到市场上去卖。龙姨告诉我们：“难府的人看到包捆蕉叶的方式就知道，哪些蕉叶粽是我做的。”她用的调味酱味道丰富而平衡，鱼肉给的也多，这些都让她的蕉叶粽大受追捧。龙姨每天会做四五种蕉叶粽（主要看当天市场上有什么），蕉叶烤鲶鱼总是卖得最好的一种。如她所说：“鲶鱼与柠檬草和辣椒面简直就是绝配。”

龙姨对蕉叶粽的热爱溢于言表，“我卖这东西赚不了什么钱，但每天都想做，特别开心。”她的脸上泛起了慈母般的笑容。剥开她的蕉叶粽，感觉就像在打开一件生日礼物，但通常的生日礼物可不会透过蕉叶飘出香气来，那种柠檬草和大蒜特有的香味让人十分难忘。鱼肉里的油脂被烤了出来，让她的蕉叶粽肥美多汁，香气四溢。龙姨希望她的顾客能够“gin im loko aroi”，这句话在泰语中的意思是“吃到不亦乐乎”。

家庭厨师兼外卖自销商//
纳别布·噶木桑
地点//
难府

蕉叶烤鲶鱼

AEB PLA DUK

供2~3人食用

准备时间：45分钟
烹饪时间：20~25分钟

原料

20个红葱头

1头蒜

10根柠檬草，摘好并去掉外皮，切碎

10~15根干泰国鸟眼椒

2大勺碎姜黄

2小勺盐

1公斤鲶鱼或鲷鱼鱼排，切成2厘米的段

20厘米×30厘米大小的蕉叶，包裹用

牙签，用来固定蕉叶

1 将红葱头、大蒜、柠檬草、辣椒、姜黄、盐和少量水放到搅拌机或料理机里打成糊，倒入碗中。加入鱼肉充分混合，腌制约15分钟。

2 所有蕉叶光面朝下摆好，相邻蕉叶要首尾颠倒。把两三段鱼肉放到蕉叶中央，先包两边，再合首尾，确定包裹紧实之后，用几根牙签固定，确保鱼肉不漏。用这种方法包裹所有鱼肉，大约可以包出10个。

3 包好的蕉叶粽上屉蒸15~20分钟后，在外面再裹上一层蕉叶，放到烤炉上烤5分钟左右，直至外层蕉叶烤焦。或者也可以不蒸，直接放到烤炉上用小火烤20~30分钟（这种做法无须再裹一层蕉叶）。搭配现蒸糯米饭（见248页）食用。

“只要再来点儿糯米饭，
一顿美味简餐就齐活了。”

纳别布·噶木桑

猪肉番茄汤粉

KHANOM JINN AM NGIAO

阿梅做的这道猪肉番茄汤粉是泰国北部许多当地人心中的最佳暖心美食。

在泰国北部，最受当地人喜爱的食物是一种名叫猪肉番茄汤的炖菜。这道菜大有乾坤，主料为猪肉和番茄，用辣味酱料提味，常常搭配米粉做成汤粉。类似的菜肴在缅甸北部和中国的云南省南部也能找到，据说正是云南首创，后来才传到了泰国北部。

阿梅（May）的这家小“餐厅”不过就是几张桌子，摆在铁路附近的一棵大树下，主营好吃的家常菜，周围居民也爱凑在这里聊天。“许多人早上上班的路上会过来买了食物打包带走。我所有的顾客都是熟客，就住在附近。”阿梅告诉我们，她经营这里并不是为了赚钱，而是因为享受这个过程，她还说，“我喜欢和人打交道，受不了宅在家里什么事都不做。”

阿梅做的猪肉番茄汤属于南邦府（Lampang）特色风味。事实上，这种炖菜在泰北的每个府甚至每个城镇都有不同的版本。比方说，清迈和清莱喜欢往里面放“tua now”，字面意思是“烂大豆”，就是泰国的发酵豆瓣酱（类似纳豆），但南邦更偏爱咸豆瓣酱。另外，南邦府的人爱吃血豆腐，所以这里的猪肉番茄汤里总是会放很多的血豆腐。

有人点了这道汤后，她会先在碗里实打实地盛上新鲜的米粉（khanom jin），再浇上一勺猪肉番茄汤，最后麻利地在上面撒些香菜、小葱、炸蒜末和脆脆的炸猪皮。阿梅的这道汤粉最让人注目的地方来自她本人，来自她烧菜做饭之间、待人接物之际散发出的暖意和热情。南邦府的本地人吃她做的汤粉，就像在家吃饭一样自在舒服。

美食摊主//
阿梅
地点//
南邦市场

猪肉番茄汤粉

KHANOM JINN AM NGIAO

供8人食用

准备时间：30分钟
烹饪时间：1小时

原料

500克猪骨（脊骨或肋骨）

125毫升食用油

3大勺泰国发酵豆瓣酱

500克猪肉末

3大块鸡血豆腐，或用500克猪肉末代替

500克樱桃番茄或罗马番茄，对半切

2大勺生抽

1公斤鲜米粉

调味酱

10根干泰椒

10根香菜根

10瓣蒜，简单切碎

10个红葱头，简单切碎

3小勺盐

3小勺虾酱

点缀

炸蒜末（见248页）

香菜

小葱

炸猪皮

配菜

柠檬片

腌芥菜，切丝

豆芽

炸泰国鸟眼椒

1 先制作调味酱。小碗中加水，放入干泰椒浸泡20分钟，沥干。把除虾酱以外的全部配料放入捣钵（或使用手动搅拌机）捣碎，加入虾酱后再捣5分钟备用。

2 大平底锅内加足量的水，放入猪骨，水开后煨煮30分钟。

3 煮汤的同时，炒锅或煎锅内倒油，小火加热，油热后放入捣好的调味酱翻炒5分钟，煸出香味。放豆瓣酱和猪肉末（如不用血豆腐，用来代替的猪肉末也要下锅），翻炒至肉全熟。

4 把炒好的猪肉末和调味酱放入煮好的猪骨汤里，再煨10分钟。

5 用鸡血的话，平底锅内加水，下血豆腐。沸腾后捞出，换水再煮，反复三遍才能保证卫生。随后将血豆腐切片，连同小番茄一起放入猪骨汤里，继续煨煮30分钟左右，直至番茄变软。加入生抽，品尝味道，调整作料。吃之前，抓一把米粉放到碗里，浇上煮好的汤汁，撒上炸蒜末、香菜、小葱和炸猪皮即可上桌，旁边配上合口的配菜拼盘。

SRT

餐厅主厨//
素瓦比·田斯里瓦罗多姆
地点//
韩妈餐厅，南邦

咖喱炒粉

KAENG HO

素瓦比·田斯里瓦罗多姆女士是南邦府最有威望的韩妈餐厅的掌勺大厨，该餐厅的一大特色就是这道“三位一体”的咖喱炒粉。

根据泰国北部民间的说法，这道“kaeng ho”，也就是咖喱、蔬菜炒绿豆粉，是从泰国北部的寺庙里传出来的。从前，节日一过，寺庙里就会余下许多剩菜剩饭，某位厨界天才灵光一闪，便想出了这么一道旧菜新吃的妙法。真的也好，杜撰也罢，都不会影响咖喱炒粉在今天泰国北部饮食界的霸主地位。

韩妈餐厅（Mae Hae）的老板兼大厨素瓦比女士（Suwapee Tiasiriwarodom）一直致力于传承正宗的泰国北部料理，在南邦府是响当当的人物。这家餐厅的名字就来自餐厅创始人、她的母亲韩妈，开业已过五十载，人气经久不衰，仍然是当地人的大爱。“地道传统的泰国北部风味现在已经不好找了。从妈妈那里学来的烹饪方法，我是绝对不会改变的。”素瓦比认真地说道。每天，素瓦比都会和餐厅团队一起为食客奉上五花八门的泰北菜，这道咖喱炒粉就是其中卖得最快的一种。

尽管任何一种泰国北部特色咖喱都可以用来制作咖喱炒粉，但最常见的选择还是“kaeng hang lay”（见127页“清迈风味猪肉咖喱”），也就是用充满酸角酱、红葱头、大蒜和姜的浓汤熬煮鲜嫩猪肉的一种咖喱。素瓦比还保证说：“我每天都要做一锅新的猪肉咖喱，而且会特地留出一部分来做咖喱炒粉，绝对不会用前一天剩下的。”

她的咖喱炒粉之所以这么好吃，很大程度上得益于这种香味浓厚的猪肉咖喱。除了酸角酱和棕榈糖的微甜，红葱头、泡蒜和姜的味道也都能层次分明地在咖喱炒粉中体现出来。绿豆粉柔软而有弹性，吸足了酱汁的美味，豇豆负责增添脆生生的口感，泰国青柠叶则让这道菜“橙”味十足。

供2人食用

准备时间：15分钟
烹饪时间：5分钟

原料

约2小碗吃剩下的猪肉咖喱（见127页“清迈风味猪肉咖喱”）

1大勺食用油

100克干绿豆粉或米粉

5根豇豆或四季豆，切段

3片泰国青柠叶，撕碎

新鲜红泰椒，做点缀

1 绿豆粉放在水中泡发5~10分钟，至颜色透明。沥干取出，切成3厘米的段。

2 炒锅或煎锅内倒油，中火加热，油热后放入猪肉咖喱，煨煮5~8分钟，至酱汁浓稠。

3 放入绿豆粉，翻炒2~3分钟，至粉丝柔软并吸收汤汁。放入豇豆或豆角，继续翻炒1分钟。

4 最后放入泰国青柠叶，翻炒均匀后立即关火装盘。此时咖喱酱汁应全部被粉丝吸收，盘底不见汁。上面点缀一些辣椒，用以提色和增添辣味。

“地道传统的泰国北部风味
现在已经不好找了。
从妈妈那里学来的烹饪方法，
我是绝对不会改变的。”

素瓦比·田斯里瓦罗多姆

烤青辣椒酱

NAM PHRIK NUM

烤辣椒酱在泰国北部人气如此之高并不难理解：这道凉菜就是烟熏味、香草味和咸鲜口感的完美结合。

“简单出美味”在泰国同样适用，而用烤辣椒、大蒜和红葱头捣出来的烤青辣椒酱便是这条真理的又一佐证。

清迈小房子泰国菜烹饪学校的尼迪蓬·蒙根（昵称“手臂哥”）告诉我们：“烤辣椒酱是泰国北部最常见的食物之一，人气超高，哪怕是来清迈的泰国人都会自然而然地买一些带回家。”

因为主料是烤辣椒，所以乍一想味道应该比较单一，但就和大多数泰国菜一样，这种凉拌菜吃起来可谓五味俱全。据手臂哥的描述：“烤辣椒酱本身是咸口的，红葱头让它有了些甜味，里面还有一丝辣。有人会加点儿青柠汁进去，让它变得酸酸的。”

这种凉拌菜中用到的青辣椒在泰语里称“phrik num”，一般来说只在泰国北部才能买到，但手臂哥认为这并不影响你在其他地方做这种蘸酱。“如果你搞不到这种辣椒，只要是不太辣的辣椒都能替代。如果你想再辣一点儿，可以多掺几个泰国小辣椒进去。”

烤制香草在西餐中比较罕见，但在泰国北部却是寻常之事。烤的时候要用炭火，一定不要让火苗燎到食材。红葱头和大蒜熟得比较快，变软了就说明烤好了。如果你没有烤炉，把食材放到锅中干煎也可以。

烤辣椒酱通常搭配一盘蒸什锦蔬菜食用，手臂哥推荐南瓜、白菜、豇豆和茄子这几种蔬菜。但他也补充道：“任何蔬菜都可以用来搭配，可以食用的花朵也行。若作为整餐，这道菜通常会配上糯米饭和炸猪皮。”

烹饪老师//
尼迪蓬·蒙根
地点//
小房子泰国菜烹饪学校，清迈

烤青辣椒酱

NAM PHRIK NUM

作为配菜供4人食用

准备时间：25分钟

烹饪时间：15分钟

原料

4~6根大的新鲜青辣椒

4个红葱头，不去皮

4瓣蒜，不去皮

¼小勺盐

1根小葱，切段

可选配菜

白菜，蒸熟

南瓜，切块蒸熟

豇豆或豆角，蒸熟

茄子，切片蒸熟

黄瓜，切片

全熟煮鸡蛋

炸猪皮

1 烤炉预热至中高温。用签子把辣椒、红葱头和大蒜串好开始烤制，烤到外皮焦黑，里面软嫩即可（也可以在烤架上烤）。晾凉备用。

2 温度适手时，剥掉辣椒、红葱头和大蒜烤焦的外皮，余下部分放入捣钵中，加盐捣至充分混合，不用捣成糊——烤辣椒酱应该保留一些食材中果肉和纤维的口感。如有必要品尝味道，调整作料。

3 盛入小碗中，放上小葱点缀。晾至室温，搭配糯米饭（见248页）和蒸熟或焯熟的蔬菜食用。

"烤辣椒酱本身是咸口的，
红葱头让它有了点儿甜味，里面还有一丝辣。"

尼迪蓬·蒙根

餐厅经营者//
婉达·玛甘万利
地点//
婉达汤饭馆，难府

猪肉番茄酱

NAM PHRIK ONG

在婉达·玛甘万利开在难府的大餐厅里，每天第一锅猪肉番茄酱到了中午铁定卖光，这道美味的蘸酱已俨然跻身主菜之列。

泰国北部味道浓重的炖菜和咖喱菜早已名声在外，而当地人同样喜欢享用蘸酱类的菜肴。其中用番茄和猪肉末加上点儿辣椒酱制成的蘸酱，在当地几乎是最受欢迎的一种，泰国北部的人们喜欢把它当作主菜，搭配蔬菜和糯米饭一起吃。

婉达·玛甘万利（Wanda Makeweli）和她的家人在难府经营着婉达汤饭馆，这里每天都要接待几百位客人，规模着实不小。而且婉达仍然坚持担任后厨的掌勺。“来我这儿的客人多是因为我用的食材新鲜、品质一流。”她边说边自豪地竖起了大拇指。

烹制这道蘸酱时，有些地方会选用个头又大又便宜的番茄，还加糖提味。而婉达会选用一种叫“sida”的番茄，这种小番茄类似樱桃番茄，但要更小更酸一点儿，在难府的各个市场上都能买到。婉达的餐厅属于“khao kaeng”式餐厅，泰语直译为“汤饭”——盛着不同菜肴的大锅一字排开，供客人点选。虽然她每天要做大约20种菜，但猪肉番茄酱总是其中卖得最好的，好到一锅根本就不够吃，要早上做一锅，中午再做一锅。

“猪肉番茄酱可以搭配煮熟的蔬菜或是生的蔬菜一起吃，我觉得生的蔬菜更好，因为我喜欢那种脆劲儿。”婉达如是说。她餐厅里的猪肉番茄酱上面会撒些香菜，周围码上一圈黄瓜片、豇豆和白菜。吃的时候，一手蔬菜，一手糯米饭团，把蘸酱“夹”起来送入口中。味道偏酸，蒜香很浓，隐约还能品出干辣椒的美妙滋味。

作为配菜供4人食用

准备时间：30分钟
烹饪时间：30分钟

原料

5~10根干辣椒

5个红葱头

6~7瓣蒜

½大勺虾酱

1大勺食用油

8个小番茄，切瓣，或用16个樱桃番茄

2个较大的罗马番茄

140克猪肉末

盐

一把香菜，做点缀

可选配菜

带叶香菜

黄瓜，切片

豇豆，切段

白菜叶

1 干辣椒放在水中浸泡15分钟，变软即可，沥干。

2 在捣钵里放入红葱头、大蒜和沥干的辣椒，捣到植物里的油脂充分释放，质地细滑，需要20~30分钟。加入虾酱再捣5分钟，使其充分混合。将制好的辣椒酱放在一旁备用。

3 炒锅或煎锅内倒油，中大火加热，油热后放入捣好的辣椒酱，翻炒1~2分钟煸出香味。加猪肉末继续翻炒至肉末全熟。

4 放入小番茄，改小火，烹制15~20分钟，其间只需偶尔翻几下，至小番茄变软出汁即可。番茄受热会有水分析出，如果干锅了可以加些水。可酌情多加些盐。晾凉，上桌前用香菜点缀，搭配生的或煮熟的什锦蔬菜以及糯米饭（见248页）食用。

"猪肉番茄酱可以搭配煮熟的蔬菜
或是生的蔬菜一起吃，
我觉得生的蔬菜更好，
因为我喜欢那种脆劲儿。"

婉达·玛甘万利

椰奶竹筒饭

KHAO LAM

经过在竹筒里三个小时的烘烤，椰奶从竹筒顶部的糯米中间汩汩冒泡，第一口吃下去香甜软糯，回味无穷。

竹筒饭在泰语中称为“khao lam”，这种放在竹筒里烤出来的糯米饭是泰国最受欢迎的甜点小吃之一。虽然在泰国各地都吃到，但只有在其发源地——糯米无穷、竹子无尽的泰国北部，才最正宗。竹筒饭全年都能吃到，但是南邦府最著名的竹筒饭品牌所有人尼迪瓦帝·素坡民（Nittiwadi Supromin）告诉我们：“传统上竹筒饭应该在冬天吃，因为它营养丰富、热量高，吃完身上热乎乎的。”

在南邦府，“咖姆妈”（Mae Kamun）牌竹筒饭是人尽皆知的。尼迪瓦帝的祖母就叫“咖姆妈”，而她的曾祖母是“二战”后第一个在这里制作并销售竹筒饭的人。椰奶竹筒饭传到尼迪瓦帝这里已经是第四辈了，但用的仍然是家传古法。某些卖竹筒饭的摊贩会先把糯米蒸到差不多熟了，再塞到竹筒里烤几分钟草草了事，而尼迪瓦帝就是不走这种捷径。“我们要从半夜开始忙活，因为我们的竹筒饭要烤上三个小时。”尼迪瓦帝认真地说道。恪守传统，选用品质最好的椰子，所以她的竹筒饭才与众不同，才保得住“南邦府第一”的金字招牌。

售卖之前，她和丈夫二人会先把竹筒的外皮削掉，筒壁被削成薄薄的米色“竹皮”，这样剥开吃里面的糯米更容易，买了带走拿着也不沉。竹筒饭总是“一分为二”的，上面的部分在泰语里叫“nha khao lam”，意思是“竹筒饭的脸”，味道最香浓。这是因为竹筒饭是竖着烤的，其间椰脂会因受热而向上，最终在顶部形成甜得不可思议的奶冻，被许多人视为竹筒饭的精髓。下面的部分也很香糯，但甜味和奶香与顶部根本没法比。尼迪瓦帝的竹筒饭可以说是用糯米做的布丁，甜香至臻，奶味浓厚，此外更融入了一种竹子烘烤后特有的清香。

“咖姆妈”牌竹筒饭
品牌所有人//
尼迪瓦帝·素坡民
地点//
南邦府

เจ้าแรกในลำปาง
โทร.054-313776.083-4734104
กะทิถั่วดำ
งาเมือง

椰奶竹筒饭

KHAO LAM

供3~4人食用

准备时间：6小时
烹饪时间：3~4小时

原料

800克糯米

50克黑豆

200毫升椰脂

200克糖

一大撮盐

3~4根竹子

1. 糯米在水中浸泡6小时，黑豆浸泡2小时。

2. 浸泡的同时处理竹子。把竹子破成一个个竹筒，一边开口，一边封口，洗好后晾干。

3. 捞出黑豆，小平底锅中放清水，中小火煮黑豆1~2小时。至黑豆变软，沥干盛入碗中，里面放入泡好沥干的糯米，拌匀备用。洗锅。

4. 洗好的锅重新上灶，小火预热。加入糖和椰脂，朝一个方向持续搅拌，直至糖完全溶解，但不要让椰脂沸腾。锅沿刚有小气泡出现时立即关火，晾凉备用。

5. 竹筒里装进拌匀的糯米和黑豆，装到表面距竹筒上沿有一根食指长的距离。倒入椰脂，至椰脂不再下渗、刚没过糯米混合物即可。

6. 用焦炭生火，想办法搭一个架子，让竹筒可以近乎竖直地靠在上面，悬在焦炭上方烤制。大约烤3小时，其间每半小时左右转动竹筒一次，直到糯米全熟。糯米受热会膨胀，米粒最终会变得黏糯透明。

备选方案

如果你不容易搞到竹子，或者不会搭设烤架，可以把糯米、黑豆和椰脂混合后盛入耐热玻璃器皿中，加盖放入烤箱，用180℃烤30~40分钟，直到米粒透明、质地变黏即可。一定要在器皿中留出足够的空间，因为糯米蒸熟后会膨胀。

多层水晶糕

KHANOM CHAN

在南邦府市场里售卖泰式甜品的巴尼·塔纳柴每天凌晨3点就要起床，她的多层水晶糕人气长久不衰。

无论南北，甜点都是泰国人民的挚爱。这款源自泰国北部的“khanom chan”是一种糯糯的多层水晶糕，几乎在泰国每个甜品摊上都能买到。这种水晶糕通常都有两种颜色交替排列，一种是红色或者绿色等鲜亮的颜色，一种是面糊本身带有的白色或米色。

作为泰国各地都有的一种寻常甜品，水晶糕在泰国文化中拥有很不寻常的内涵。作为泰国传统九大甜点之一，水晶糕象征着富足和好运，颜色一层一层垒上去，代表社会地位的提高。所以要是一个泰国人升迁晋级了，亲友们通常都会送水晶糕做礼物，这主要不是为了吃，而是取“步步高升”之意。

巴尼·塔纳柴（Pranee Thanachai）以前是位农妇，由于丈夫工作的原因，两人搬到了南邦府的首府。闲不下来的她总想找些事情做，又因为自己一直既爱做也爱吃泰式甜点，大约从十年前开始，她就在当地市场上做起了甜点的生意。每天凌晨，她都要制作五款不同的泰式甜点，多层水晶糕就是必做品种之一。“我喜欢做多层水晶糕，因为它简单，不用太多原料，而且在泰国文化里有美好的寓意。”巴尼如是说。卖的时候，她会把一锅糯糯的水晶糕切成长方形的块，每块不过5泰铢，折合人民币差不多1元。

糕身虽然在颜色上红白分明，但由于蒸制时间较久，口感上已经融合得天衣无缝。巴尼做的水晶糕软糯香甜，筋道可口，略带淡淡的茉莉花香，因为加入了椰浆，更是丝滑如酪。

甜点摊主//
巴尼·塔纳柴
地点//
Kao Jao市场，南邦府

多层水晶糕

KHANOM CHAN

供10人食用

准备时间：30分钟
烹饪时间：2小时

原料

200克木薯粉

25克糯米粉

25克竹芋粉

15朵茉莉花（可选）

50毫升水

400克糖

700毫升椰浆

几滴红色食用色素

1 大金属碗或玻璃碗中放入木薯粉、糯米粉和竹芋粉，混合均匀备用。

2 如果使用茉莉花，小碗中倒入50毫升水，放入花瓣浸泡20分钟至泡出香味，扔掉花瓣，留水备用。

3 汤锅内放入50毫升水（或泡好的茉莉花水），加糖，小火加热，不断搅拌10分钟至糖完全溶解，关火，待糖浆冷却至室温。

4 汤锅中倒入椰浆，轻轻搅拌，使其与糖浆融合成椰糖浆，黏稠度类似枫糖浆。

5 取一半搅好的椰糖浆，少量多次地倒入混合面粉中，用手不停地朝一个方向和面，搅拌约15分钟后，再慢慢地倒入剩余半份椰糖浆继续搅拌，最终形成一种质地较稀的面糊。确保里面没有结团的面粉，如仍有结团面粉，可用滤网或纱布滤出。

6 把面糊分盛到两个碗中，其中一个碗内加几滴红色的食用色素搅匀。把红色面糊分盛到四个碗中，把白色面糊分盛到三个碗中。

7 取20厘米见方的不粘模具，放入蒸锅中预热5分钟。先倒入第一层红色面糊，高0.25厘米，蒸6分钟，随后倒入白色面糊，蒸7分钟形成第二层。再倒红色面糊，蒸8分钟。之后如此循环，每倒入一层，蒸的时间增加1分钟，直至面糊全部倒入。取出烤盘，充分冷却后切块上桌。

Nong Khai
廊开
9
8
UDON
THANI
4
乌隆
(乌隆他尼)
6
5
10
Sakon
Nakhon
沙功那空
Ubon
Ratana
Khon Kaen
孔敬
Mae Nam Chi
Roi Et
黎逸
Mae Nam Mun
7
11
UBON
RATCHATHANI
2
1
3
乌汶(乌汶叻差他尼)
Northeastern
Thailand
泰国东北部

泰国东北部

植根于乡土的菜式，味道浓郁，香辣霸道。

Taste

青木瓜沙拉

SOM TAM THAI

青木瓜沙拉在泰国东北部随处可见，经过17年的修炼，维蒙·东林已经是料理这道菜的高手了。

维蒙·东林（Wimon Tong-Rin）女士是乌汶府一家大众餐厅的老板，她告诉我们："泰国东北部的当地人喜欢吃青木瓜沙拉，因为他们对其中的食材和味道都百吃不厌。"此话不假，因为青木瓜沙拉的确是泰国东北部（中文也称伊森地区）最常吃的一道菜。木瓜本来是在18世纪末从美洲传到泰国的，现在却成了当地饮食中的"顶梁柱"。没有木瓜，也就没有鲜香的青木瓜沙拉，泰国东北部的饮食文化更是无从谈起。

这道沙拉中用的木瓜，不是成熟的橙红色木瓜，而是未成熟的青木瓜，口感脆如黄瓜，不算甜，但也只是略带酸涩味。制作时需要先去皮，再把果肉切成细条，随后与几种蔬菜混合到一起，浇上特别的酱汁，最后放到研钵里捣碎。

维蒙·东林与这种"捣"出来的沙拉结缘已有十七载，她告诉我们："我刚开始做的时候，一天也就能卖出去一两盘。"现如今，她一天少说也要用光30～50个木瓜，每个木瓜大概能做出10盘沙拉。她闭着眼睛做这道菜都没问题，每种原料放在哪儿，她都一清二楚，手腕轻转，便如数抛入巨大的陶制研钵中，搅拌捣制也是手到擒来。

青木瓜沙拉也分许多种，当地最流行的吃法会在里面放入腌鱼酱（pla ra），但她做的这款偏甜口的泰式青木瓜沙拉也很常见。泰式青木瓜沙拉口感清爽，木瓜香脆，酱汁酸甜，还有坚果味，余味中的一丝辣味也恰到好处。

餐厅老板//
维蒙·东林
地点//
新年宋丹餐馆，乌汶府

青木瓜沙拉

SOM TAM THAI

供1~2人食用

准备时间：15分钟
烹饪时间：5分钟

原料

2~4根干鸟眼椒

1大勺烤花生

1大勺虾干

1大勺棕榈糖

1½大勺鱼露

2~3大勺现挤青柠汁，多备一些最后调味用

1个青木瓜（即未成熟的木瓜），去皮去籽

1根豇豆或一小把豆角，简单切段

5个小的番茄或一把樱桃番茄，切瓣

1 在捣钵中放入辣椒，略微捣制10秒钟即可。

2 捣钵中放糖、鱼露和青柠汁，边捣边搅拌，确保糖充分溶化，再放入花生和虾干拌匀制成酱汁。

3 木瓜肉刨成丝，和豇豆或豆角一起放入捣钵，轻捣使其和酱汁均匀融合即可。

4 放入番茄，不要捣，轻轻拌匀即可装盘，注意要用勺子把捣钵内的酱汁全部盛出，不要浪费。加少许鱼露或青柠汁提味——口感以酸辣为主，略带甜味。

"乌汶府风味的青木瓜沙拉味道酸冲，
但也做到了酸、咸、辣、甜的平衡，
味道与口感融为一体，和谐共存。"

维蒙·东林

5
10
LOTTE

餐厅老板//
伯恩蒂普
地点//
伯恩蒂普家戒寺烤鸡店，乌汶府

泰国东北部风味猪肋排酸汤

TOM SAEB KRADUUK MUU

伯恩蒂普女士做了一辈子的泰国东北部风味菜。她的餐厅里这道又酸又辣的汤食散发着柠檬草和各种香料的芬芳，堪称餐厅招牌。

“这道菜必须要做到辣咸酸三味俱全。”伯恩蒂普（Porntip）女士一边说，一边又往锅里加了一勺青柠汁。她做的这种“tom saeb kraduuk muu”以鸡汤和猪肋排为主料，用青柠汁、鱼露和辣椒调味，可以说是泰国东北部的冬阴功汤。

伯恩蒂普还是小姑娘的时候就在自家经营的餐厅里帮忙烧菜，从妈妈那里学习泰国东北菜的做法。“我们家里每个人都会做菜。”如她所说，后来她在乌汶府开了一家全年无休的餐厅，她是又掌柜又掌勺，到现在已经在店里忙活了40多年。

泰国东北部讲究阖家用餐，饭桌上要摆好几道菜，每道菜在口感、味道和食材上都要有所区别。“tom saeb”这种炖肉辣汤常常会作为餐桌上的主汤，搭配其他菜肴食用，比如青木瓜沙拉（见165页），再来点烤肉或烤鱼，外加一篮蒸糯米饭。这种汤不用单独盛到各人的碗里，而是要摆在餐桌中央大家一起分享。

伯恩蒂普做的这道汤入口柔滑，下肚酸辣，味道非常复杂，却又平衡得十分精妙。沁人心脾的柠檬草属于汤的“前味”，之后还能品出南姜、香菜和刺芹等香料天然质朴的味道。汤里一块块嫩猪肋排虽然也很好吃，但汤本身才是这道菜的灵魂，才是所有滋味的承载者。上桌的时候，伯恩蒂普会把汤盛到一种特制的圆锅里，锅中间立着一根“小烟囱”，里面烧炭，一边加热一边吃。这种吃法在泰国叫“maw fai”，直译就是“火锅”。

和许多泰国的汤食一样，这道汤也源自日常生活：用的香草都是当地自然生长的，把肉炖成汤是为了将肉香最大化，最后加入的鱼露和青柠汁也都是最常见的作料。伯恩蒂普把这道香气浓郁、热气腾腾的酸汤往火锅里一放，立即就让它变得更加美妙。

作为配菜供4人食用

准备时间：1小时
烹饪时间：10分钟

原料

200克猪肋排，切段（让肉铺把肋排切成大小合口的段）

1.5升水

汤料

3根柠檬草茎，切成细条

1块拇指大小的南姜，切薄片

2片泰国青柠叶，撕碎

4大勺青柠汁

2大勺鱼露

1大勺辣椒面

½大勺糖

半把香菜，切段

半把刺芹，切段

10片薄荷叶

煲汤（可选），或购买现成高汤

2公斤整鸡一只

6升清水

1 如果需要自制高汤，在大汤锅内放入整鸡和清水，煮沸后改小火炖1小时，关火备用（炖汤用的鸡可以用来制作其他菜肴）。

2 中等大小的平底锅内放入猪肋排和水煮沸，改中火炖20分钟，沥干备用，锅中水倒掉。

3 把沥干的猪肋排再放回锅中，倒入1.25升高汤，大火煮沸后改小火煨煮4分钟，放入柠檬草、南姜和青柠叶再煮1分钟，关火。

4 用勺子将猪肋排捞出，均分到餐碗中，每碗只放入少量肉汤，随后加柠檬汁、鱼露、糖和辣椒面。加满肉汤，轻轻搅匀即可。品尝一下，酸、咸、辣缺一不可，必要时再放些鱼露、青柠汁或辣椒面。最后撒上香菜、刺芹和薄荷叶点缀。热汤会把这些草本香料泡蔫，但吃起来仍然味道芳香，口感清脆。

泰国东北部风味辣鸭肉沙拉

LAAP PET

鸭肉沙拉味道又酸又辣，佐以大量香草。说到自家餐厅的这道招牌菜，萨麦·斯拜不由得眉飞色舞起来。

泰国东北部对整个泰国餐饮界最著名的贡献可能就是肉沙拉了。这种沙拉以碎肉为主料，用鱼露、青柠汁、辣椒面和烤糯米粉调味，传统上讲属于泰国北部和东北部的地方菜，另外更是老挝全国各地的“主食”。地区不同，肉沙拉的做法也不一样，在泰国东北部，其口味以辣和酸为主，且常用新鲜薄荷叶点缀。其地位之重要，可以说是“无肉沙拉不成席”。

萨麦·斯拜（Samai Sriprai）本是种植稻米的农民，辛劳多年后，攒钱开了一家小餐厅。这家餐厅里道道菜不离鸭，渐渐受到了当地人的青睐，最后得以另迁新址，扩大店面。27年后的今天，他对鸭子还是不离不弃，这道鸭肉沙拉作为其拿手菜也不例外。萨麦说：“我当时想做点儿乌汶府没人做过的东西，于是就选择了鸭肉，因为泰国东北部没多少人做这个——和猪肉或鸡肉相比，鸭肉不好烹制，准备时间也更久。”他的餐厅到今天仍然是泰国东北部著名的鸭肉老店之一，餐厅停车场上立着一尊巨大的鸭子像，格外抢眼。

谈及泰国东北部的肉沙拉，最常见的主料是碎猪肉，但鸭肉、鸡肉甚至鱼肉在当地也很流行。做肉沙拉时一般还会用到“khao khua”，也就是烤糯米粉——先把糯米放在铁板上烘烤，烤到颜色金黄，香气四溢，再捣成不甚精细的糯米粉。烤糯米粉不但会让酱汁浓稠，更让这道菜吃起来有一种脆脆的感觉。上桌的时候也要搭配糯米饭，肉菜加糯米可是泰国东北部餐桌上最受喜爱的组合。

萨麦做的这道鸭肉沙拉鲜嫩多汁，有青柠汁和泡蒜汁特有的酸味，同时也有辣椒、小葱和薄荷各自的清香。你可以用自己喜欢的肉做这道菜，但要想做出萨麦特色，还得用鸭肉。

餐厅老板//
萨麦·斯拜
地点//
Baan Hao 凉拌鸭餐厅，乌汶府

泰国东北部风味辣鸭肉沙拉

LAAP PET

作为配菜供4人食用

准备时间：15分钟
烹饪时间：15分钟

原料

300克切碎的鸭肉

1大勺生糯米

2大勺鱼露

1大勺柠檬汁

2大勺泡蒜汁或青柠汁

1~1½大勺红辣椒面

4个红葱头，切丝

1根小葱，切段

1小把薄荷叶

蒸糯米饭，做主食

白菜、豆角、泰国罗勒等蔬菜拼盘，做配菜

1. 平底锅中火预热，放入鸭肉翻炒10分钟，至肉色棕黄，完全炒熟。关火，晾凉备用。

2. 制作烤糯米粉。小平底锅中放入糯米干炒15分钟左右至颜色金黄。用捣钵（或料理机）将炒熟的糯米捣成颗粒较粗的粉即可。

3. 碗中放入已晾至室温的鸭肉，加鱼露、青柠汁、泡蒜汁（或等量青柠汁）、烤糯米粉、辣椒面、红葱头以及大约半份的小葱和薄荷叶。搅拌充分后品尝一下，如有必要可加放鱼露、青柠汁或辣椒面，保证辣、酸、咸的平衡。

4. 盛入餐盘中，把剩余小葱和薄荷叶撒在上面点缀，搭配现蒸的糯米饭（见248页）以及白菜、豆角和泰国罗勒叶等可以生吃的蔬菜食用。

"泰国东北部的肉沙拉很简单，
烹饪时间不长，所用原料当地家家户户都有。
'从简'是我们的文化。"

萨麦·斯拜

烤鸡

KAI YANG

在泰老边境附近长大的颂姆本·瓮娜力现在带着她的美食摊赶赴泰国各地的节庆举办地，售卖各种泰国东北部经典菜，包括这道风味烤鸡。

美味的烤肉在泰国拥有悠久的历史，而泰国东北部的烤肉更是名声在外。几乎每家东北菜馆都能做出几道拿手的炭火烧烤，常见于街头美食摊的烤鸡是其中最常见的一种，搭配一盘辣口的青木瓜沙拉和一篮子蒸糯米饭，就是泰国东北部的代表美食。

颂姆本·瓮娜力（Somboon Wongnari）的老家在那空拍侬府（Nakhon Phanom），与老挝相邻，中间隔着弯弯的湄公河。她以前在老家开了一家餐厅，但在过去十年间做起了流动餐车的买卖，追随着“流动节日”（ngan phacham pithung si muang）走遍泰国南北。她不但见识了泰国各地的风土人情，还发现了一个实实在在的好处：“参加节日庆典的人总是很多，我绝对不愁没生意。”

颂姆本告诉我们：“某些泰国人会在腌制鸡肉时放入种类繁多的香辛料，但我喜欢简单的做法，因为我认为烤鸡最主要的香味来自小火慢烤和蘸料。”泰国东北部烤鸡一般是把整鸡切开摊平，烤之前用酱油等调料简单腌制一下，再用粗竹签把鸡串起来，竹签末端用铁丝固定，放到炭炉上火烤。尽管是用明火烤制，但炭块上的那层炭灰可以确保火苗不会燎到鸡肉、烧焦鸡皮。她做烤鸡的时候两面都要烤成金黄色，鸡肉仍然鲜嫩多汁，美妙的烟熏味和蒜香腌料的酱油咸香也得以保留。蘸酱方面，泰国多数地方都会用酸甜味的蘸酱搭配烤鸡，但颂姆本调制的蘸酱却一点儿也不甜，而是在咸味的基础上增加了青柠汁带来的酸味，另外更有现捣的泰国辣椒和大蒜带来的劲爽味道。

流动摊主//
颂姆本·瓮娜力
地点//
颂姆本凉拌烤鱼摊

烤鸡

KAI YANG

作为配菜供4人食用

准备时间：15分钟
（提前4～5小时腌制鸡肉）
烹饪时间：40分钟至1小时

原料

1.5公斤整鸡一只，切开摊平

20根竹签，用水浸泡15分钟

腌肉料

1头蒜

2大勺生抽

½小勺老抽

½大勺粗粒黑胡椒粉

蘸酱

3瓣蒜

5根泰国鸟眼椒

一把香菜

2大勺青柠汁

2大勺热水

½小勺盐，酌情使用

1 做腌肉料。把整头蒜剥皮，放入捣钵内捣碎（或用刀切成蒜末）。大碗中放入两种酱油、黑胡椒粉和蒜末并搅拌均匀，将腌料完整地涂抹在鸡肉表面。腌制至少4～5小时，或一整夜。

2 想要做出最好吃的烤鸡，最好是用户外烧烤专用的烤炉，但煎牛排用的那种条纹煎锅也可以。预热烤炉，把泡好的竹签串进鸡肉里，贴着两个鸡腿内侧正反两面各穿一根竹签，同侧竹签两端用铁丝扎紧固定。这种烤鸡的方法在泰国很常见，方便在烤制过程中翻面，但并非必要工序。

3 炭热起来以后，按照泰国烤肉的做法应该在上面撒炭灰，压火苗。以中小火烤制鸡肉两面20～30分钟，依鸡的大小和炭火热度酌情烤至肉全熟即可。

4 制作蘸酱。把大蒜、辣椒和香菜放入捣钵中捣碎，盛入碗里，加青柠汁、热水和盐，充分搅拌直至融合。如有必要品尝味道，调整盐或青柠汁的用量。烤鸡和糯米饭（见248页）都可以蘸酱吃。

工夫牛肉

TOM HAENG LUAK JIM

只要有人在他的餐厅里点了这道菜，本都会亲自把炖好的牛肉码放整齐，然后在上面撒上香草。举手投足间，仿佛一位陷入沉思的艺术家。

在泰国，牛肉被视为一种味道很重的肉，和更常见的猪肉或鸡肉比起来，其味道的确较为强烈。泰国东北部做牛肉的方法很多，几乎牛身上每个部位都能单独用来做菜。这道工夫牛肉就既有牛肉也有牛杂，和柠檬草与南姜放在一起小火煨煮，吃的时候搭配辣椒蘸酱。并不是所有泰国东北风味的馆子都有工夫牛肉，得去专营牛肉菜肴的餐厅才行。

三十多年前，本·泰·凯瓦比（Boon Thai Kraiwabi）决心在家乡乌隆府开一家餐厅，专门烹制泰国东北部的传统乡村风味牛肉菜肴。“我去过太多餐厅了，菜单上都是花样百出，鱼、虾、鸡、猪、牛什么都做，当天没沽清的菜第二天还接着卖。但我认为新鲜和品质最重要，所以我的餐厅只用一种主料：牛肉。”怀揣着对牛肉的执着，他一干就是许多年，现在餐厅也拥有了一批“牛肉粉”。

他为牛肉搭配的蘸酱虽然常见，却超级霸道。咸味的蘸酱里因为加入了现磨干辣椒面，火辣异常。“我不会因为某位顾客的个人口味而妥协让步。做每一道菜，我都是按照自己爱吃的方法来做。”他毫不迟疑地说。在他的餐厅Laap Nuad炽肉馆，这道工夫牛肉属于牛肉杂烩，从牛腱肉到百叶，什么部位都有，全都切成了适合一口大小的块。由于煨煮时间长，肉质软烂，浓郁的肉香并未被浓烈的香料味所掩盖，还淡淡地透着柠檬草和南姜的香味。褐红色的蘸酱里藏着一粒粒辣椒籽，带着天然的甜味和酸角酱的酸味，但是咸和辣才是蘸酱真正的主角。

餐厅老板//
本·泰·凯瓦比
地点//
炽肉馆，乌隆府

作为配菜供4人食用

准备时间：10分钟
烹饪时间：4小时

原料

1公斤牛腱肉或其他任意部位的牛肉

整块南姜，切薄片

5根柠檬草茎，捣碎

香菜，做点缀

薄荷叶，做点缀

小葱，切段，做点缀

蘸酱

2小勺干辣椒面

2大勺鱼露

2大勺烤糯米粉（见171页）

1大勺酸角酱（见13页）

1 大锅内加水，放入南姜和柠檬草，大火煮沸后改中火。放入牛肉，加盖焖煮约4小时。

2 取一个碗，放入辣椒面、鱼露、烤糯米粉和酸角酱，充分搅匀。

3 把牛肉放到砧板上，晾凉后切成适合一口大小的块，码盘，用新鲜香菜、薄荷叶和切好的小葱点缀即可上桌，一般配现蒸糯米饭（见248页）食用。

“我认为新鲜和品质最重要，
所以我的餐厅只用一种主料：牛肉。”

本·泰·凯瓦比

ต้อยลาบเป็ด
โทร.042-24932

泰国东北部风味鸡肉蔬菜汤

KAENG OM

毕思特·拜拉梧先生现已年逾七十，但仍遵循着少时从父亲那里学来的当地传统烹饪做法，其中就包括这道“传说级”的鸡肉蔬菜汤。

泰式的汤中总少不了柠檬草、辣椒、青柠汁和鱼露，香气馥郁，是闻名世界的泰餐“绝味”。相比之下，同样具有泰国特色、使用大量香草的乡村炖菜则名气稍逊。这道泰国东北部特色的“kaeng om”便是其中的代表，鸡汤中除了香草和蔬菜，自然也少不了泰国东北部的特色腌鱼酱。

70多岁的毕思特·拜拉梧（Pisit Pairaw）是乌隆府本地人，大约40年前在这里开了自己的餐厅。很小的时候，他就在爸爸的培养下学习烹饪，会烧许多种泰国东北部风味菜，但那时的他对烹饪并没有多少热情，心思都在派对上。“开餐厅是因为我当时快混不下去了。”毕思特说，纸醉金迷的生活方式最终让他狼狈不堪，一个铁哥们儿看不过去，责骂他道：“你什么时候才能像个大人？什么时候才能负责任地生活？你肉沙拉做得那么好吃，还会烧那么多道本地菜，干吗不开家餐厅呢？”提到将自己拉回正轨的这位好朋友，今天的毕思特仍然满怀感激：“这句话救了我的命。”

泰国人常常会根据某道菜的口味对其分类，按照这种分法，这道鸡肉蔬菜汤绝对属于咸汤。但在咸味之下，各种新鲜蔬菜和香草混合出的那种清香仍然清晰可辨。据毕思特透露：“做这道汤必须要用到莳萝和柠檬罗勒，这两个是这道菜必不可少的原料，至于其他的蔬菜，你可以任选。”每天早上，毕思特会先做出一大锅鸡汤，然后从中舀出一些上大火烹煮。随后他会干净利落地把几种蔬菜切好，连同必需的香草一起放进去，完全按照爸爸当年的做法来做。他的鸡肉蔬菜汤咸起来一点儿都不含糊——汤一入口，舌头也为之一振，但香草会即刻化解掉这种感觉，满口都是莳萝的清香以及罗勒和柠檬草的迷人余味。

餐馆老板//
毕思特·拜拉梧
地点//
朵颐凉拌鸭餐馆，乌隆府

泰国东北部风味鸡肉蔬菜汤

KAENG OM

作为配菜供4人食用

准备时间：2小时
烹饪时间：15分钟

原料

50克泰国香米

2根柠檬草茎，去外皮，切碎

200克去骨鸡腿肉，切成适合一口大小的块

2块鸡血豆腐（可选），切块，或用100克鸡腿肉代替

2瓣蒜

1个红葱头，切碎

7根新鲜红泰椒（酌情增减）

3片泰国青柠叶，撕碎

½小勺盐，多备一些用以提味

100克白菜，切片

1根豇豆或6根豆角，切成适合一口大小的段

2根菜心，切段

4根莳萝

4根罗勒

2根小葱

1大勺腌鱼酱（可选）

高汤

鸡骨架

1.5升清水

（也可直接购买1升鸡汤）

1 如需自制高汤，将鸡骨架放入大锅中加水炖煮2小时，捞出鸡骨，鸡汤备用。

2 做米浆。把大米放到一碗水中浸泡1小时，充分沥干后，用捣钵或料理机打成粗糊即可。

3 中等大小的锅中倒入1升鸡汤，中火煮沸后改小火，放入柠檬草、鸡肉和鸡血豆腐（可选），煨煮10分钟至鸡肉全熟。

4 把大蒜、红葱头和辣椒放入捣钵中稍加捣制（也可用菜刀拍碎），放入汤中，同时放泰国青柠叶和盐，小火煨煮5分钟。

5 把所有蔬菜和香草连同米浆一同放入汤中，搅拌均匀后煨煮1~2分钟，注意蔬菜既要煮熟，又不要煮太软。关火放入腌鱼酱（可选）。加盐提味，即可上桌。

ตำปูปลาร้า
ปูม้า

烤猪颈肉

KAW MUU YANG

维莱婉·古尼班做的烤猪颈肉是从她爸爸那里学得的。鲜嫩的雪花猪颈肉切成一口大小的块，搭配的蘸酱更是火辣。

在泰国东北部的各式肉类中，猪肉轻而易举地占据了人气王座，有几十种菜肴都和猪肉有关，但最直截了当的吃法就是把猪颈肉在酱油等调料中腌制后，置于炭火上炙烤。猪颈肉本身就是许多泰国厨师最喜欢的部位，因为它肥瘦相间，又有漂亮的大理石纹脂肪，保证了肉质总是鲜嫩多汁。

乌汶府有一个面积很大的露天餐厅，名叫旺甘宋丹二分店（Som Tam Wang Kaew Saka 2），餐厅的老板兼大厨维莱婉·古尼班（Wilaiwan Kunipan）告诉我们："我热爱美食，而且在烹饪泰国东北部风味菜方面很有经验。我所有的厨艺都是从爸爸那里学来的，在我还小的时候，他就一直经营着一家泰国东北风味餐厅。"长大之后，维莱婉先是推着移动美食车沿街售卖，后来生意日渐兴隆，她才决意开一家自己的餐厅，可以说是"向爸爸致敬"。

和泰国中部比起来，泰国东北的多数人，尤其是乌汶府的人，不爱吃太甜的东西，所以维莱婉做的烤猪颈肉也不像其他地方的那样甜。猪颈肉先要在炭火上炙烤，然后切成合适的大小，切的时候要横纹下刀，这样切出来的肉片不但更容易咀嚼，每一口肥肉和瘦肉的比例也相当。烤好的猪颈肉口感鲜嫩无比，咸得恰到好处，还有淡淡的姜味。但光吃烤猪颈肉还不够，没有蘸酱，这道菜就不完整了。维莱婉调制的蘸酱以咸辣为主，里面加了许多烤辣椒面和鱼露，还略微加了些青柠汁，因为酸味也是不可或缺的。这种蘸酱一丝甜味也没有，但十分辛辣过瘾，与熏香嫩滑的猪肉堪称绝配。

餐厅老板//
维莱婉·古尼班
地点//
旺甘宋丹二分店，乌汶府

烤猪颈肉

KAW MUU YANG

供2人食用

准备时间：2~4小时
烹饪时间：20~30分钟

原料

1块拇指大小的生姜

1大勺蚝油

1大勺生抽

1大勺老抽

½大勺糖

300克猪颈肉

蘸酱

2大勺鱼露

1大勺辣椒面

半个青柠的汁

香菜叶，做点缀

1 用刨菜板刨姜块，并用碗接取刨出的姜汁，得到1大勺姜汁后，在碗中放入蚝油、生抽、老抽和糖搅拌，直至糖完全溶化。

2 把猪肉放到碗中搅拌，确保猪肉挂汁均匀。放入冰箱腌至少2小时，最好提前一晚腌制。

3 牛排煎锅（即锅底面有网纹的煎锅）中火加热，放入猪肉进行烤制，每面8分钟，保证猪肉全熟即可，但不要烤干。将肉盛到盘里晾5分钟后，切成适合一口大小的肉片。

4 做蘸酱。把鱼露、辣椒面和青柠汁放入小碗中拌匀，再用香菜叶点缀，搭配猪颈肉食用。

“我所有的厨艺都是从爸爸那里学来的，
在我还小的时候，他就一直
经营着一家泰国东北风味餐厅。”

维莱婉·古尼班

风干牛肉

NEUA DAT DEAW

朱娅·查特翁盼着天气预报告诉她一个艳阳高照的好天来制作风干牛肉，这可是她开在乌隆府的餐厅里点击率最高的菜。

在冰箱尚未发明的时代，按传统，泰国人会做腊肉，保证其长时间不变质，这道菜便是那个时代遗留至今的“幸存者”。菜名中的“dat deaw”直译为“一个太阳”，指的是制作风干牛肉需要在万里无云、阳光灿烂的天气下晒上一整天。一般来说，能做风干肉的不是牛肉就是猪肉，晒之前要切成细柳，腌制调味后再放到阳光下“肆无忌惮”地从早晒到晚。泰国东北部是整个泰国最热且阳光最烈的地方，夏天尤其如此，所以做风干肉再合适不过了。

乌隆府有一家餐厅名叫吉祥厨屋（Krua Mongkhon），擅长泰国东北部家常菜，朱娅·查特翁（Junya Chatwong）是餐厅的老板兼大厨，她的老公和儿子也帮忙经营。尽管她什么东北风味菜都会做，但最拿手的和大多数客人都会点的，就是这道风干牛肉。朱娅说：“只要阳光好，我就一定会多多地做风干牛肉，要是赶上下雨，哪怕只是多云，做出来的风干牛肉水分都会比较大，没那么好吃。”

把晒好的腊肉做成菜肴主要有两种方法，一是油炸，一是炭烤。朱娅喜欢用油炸，因为这会为风干牛肉增添酥脆的口感。“这种肉因为是用来就糯米饭的，所以要相当咸才行。”朱娅如是说。此外，这道菜还要搭配一种名为“nam jim jaew”的辣椒蘸酱，味道又辣又甜，可以平衡牛肉本身的咸味。朱娅做的风干牛肉又脆又干，口感类似牛肉干，但肉条更大，更容易吃饱。这种牛肉略微有嚼劲，但嚼上几口后肉质就松了，释放出腌制后的美妙咸香和牛肉本身的味道。与之相配的蘸酱则有酸有甜，还有一丝辣椒带来的辣味。

餐厅老板//
朱娅·查特翁
地点//
吉祥厨屋，乌隆府

作为配菜供4人食用

准备时间：一整天
烹饪时间：10分钟

原料

1大勺泰国辣椒番茄酱（泰语为“sauce phrik”），或½大勺是拉差辣椒酱

2大勺蚝油

½小勺盐

1小勺糖

5瓣蒜，切末

1公斤侧腹横肌牛排或后侧腹牛排，或等重猪肉，切成5毫米的柳

香菜，做点缀

各种香草和蔬菜，做配菜

蘸酱

1大勺酸角酱（见13页）

1½小勺辣椒面

½小勺糖

1大勺鱼露

1小勺烤糯米粉（见171页）

“只要阳光好，
我就一定会多多地做风干牛肉。”
朱娅·查特翁

1 碗中放辣椒番茄酱、蚝油、盐、糖和大蒜拌匀。放入切好的牛肉充分搅拌，腌制至少2小时，也可放在冰箱里腌一整夜。

2 取出腌好的牛肉，平铺在竹篮或竹筛上直接在阳光下晾晒，至少要4～5小时（阳光非常炽烈的情况下），最好晒一整天。

3 肉完全晒干，看起来类似牛肉干时即可进行烹制：中火油炸2～3分钟，或小火烤制5～10分钟。肉质应该又脆又干。

4 做蘸酱。小碗中放入蘸酱所需的原料拌匀即可，可以根据口味调整鱼露和糖的用量。上桌时搭配蘸酱，上面还可以撒上香菜以及任何合口的香草和带叶蔬菜做点缀。

盐衣烤鱼

MIANG PLA PAO

乌隆盐衣烤鱼餐厅的这道特色烤鱼，吃的时候需要客人用各种叶子裹起来亲手“组装”。鱼缸被老板大大方方地摆在店里，就是为了告诉你鱼有多新鲜。

泰国内陆地区的村庄常常依河溪而建，因为这既是村庄的水源，也是食物的来源。淡水鱼在泰国饮食的发展中扮演着非常关键的角色。泰国东北部的居民做鱼时经常会在鱼肚子里塞上各种香草，然后在外面抹上一层盐衣，置于炭火上炙烤。这种盐衣烤鱼是当地人的大爱，上桌的时候一般会搭配以青柠汁为主料调制的辣椒酱，配糯米饭食用。而这道“miang pla pao”其实只是众多烤鱼的吃法之一，与之搭配的还有各种生食蔬菜、辛辣的植物根茎和米粉。

乌隆盐衣烤鱼餐厅（Udon Miang Pla Pao）的老板维特萨努·波达瓦特（Witsanu Potawat）做菜只用最新鲜的鱼。如他所说：“不新鲜的鱼很容易就能尝出来，新鲜的鱼肉紧实多汁、自带甜味。”他的餐厅在显眼的位置摆着两个鱼缸，里面的鱼前一秒还在游来游去，下一秒就被捞出，肚子里塞满柠檬草和香兰叶，拿到火上慢烤成了盘中餐。

菜名中的“miang”是一种吃法，在泰国料理中很常见，意思是“裹在叶子里”，这道盐衣烤鱼也不例外。用来包裹烤鱼的通常是大白菜、生菜和蒌叶这种大叶蔬菜，鱼肚里塞的香料包括泰国罗勒、茴香和刺芹等香草以及味道更冲的生姜、大蒜、辣椒和柠檬草等，后者都被切成了末，这样既能提味，又不至于喧宾夺主。蘸酱则是点睛之笔，里面加入了酸爽的青柠汁、生蒜和辣椒。吃盐衣烤鱼的时候，客人需要自己“组装”：把一片或几片大叶菜摊在手里，上面放上一块烤鱼、几根黏黏的米粉及各种喜爱的配料，包成团蘸酱吃。乌隆盐衣烤鱼餐厅的烤鱼肉质新鲜紧实，因为有了盐衣保护，烤出的鱼肉鲜嫩多汁，全是蒜瓣肉。盐衣烤鱼中各式原料散发着各自的香味，并且组合成了令人入口难忘的鲜美滋味。

餐厅老板//
维特萨努·波达瓦特
地点//
乌隆盐衣烤鱼餐厅，乌隆府

盐衣烤鱼

MIANG PLA PAO

作为配菜供4人食用

准备时间：1小时
烹饪时间：30分钟

原料

一整条罗非鱼（约1公斤重），去内脏清理干净备用（尖吻鲈或其他淡水鱼也可）

3根柠檬草茎，捣碎

1片香兰叶（可选）

一把泰国罗勒叶或普通罗勒叶

200克盐

蘸酱

2小勺棕榈糖，提味用

½小勺盐

1小勺蒜末

3小勺新鲜泰椒碎，提味用

1根香菜根，切碎（可选）

2大勺青柠汁

配菜组合

新鲜、清脆的大叶蔬菜和香草，如生菜、白菜、香菜、莳萝、罗勒叶、刺芹，切段

大蒜、姜、柠檬草、红葱头和辣椒，切碎

一大把烤花生

1 烤炉预热至中高温。有香兰叶的话先用香兰叶把3根柠檬草扎好，连同罗勒叶一起塞进鱼肚里。

2 在鱼的表面抹盐，形成一层盐衣。把鱼置于托盘并放入烤炉。两面各烤15~20分钟（至盐衣焦黑），其间应不时翻转，保证鱼皮不破。

3 烤鱼的同时制作蘸酱。小碗中放入糖、盐和2大勺热水，搅拌至糖和盐都充分溶解，再放入蒜末、剁椒和香菜根（可选）搅拌，最后加入新鲜的青柠汁，快速搅动一下即可。

4 鱼肉全熟时从烤炉上取下，盛入大餐盘中。用刀沿背鳍剥开盐衣和鱼皮，露出里面鲜嫩的鱼肉。

5 吃的时候，一片白菜叶（或其他大叶蔬菜）上放一块鱼肉，再加上喜欢的配料，卷起来蘸酱吃。这道菜一般是大家坐在一起，各自卷肉食用，其乐融融。

WELCOME

辣椒鱼酱

JAEW PLA RA

班·杜昂布巴奶奶做了一辈子泰国东北风味菜，道道不离腌鱼酱，这道搭配糯米饭和焯熟蔬菜食用的人气辣椒酱也不例外。

现年87岁的老奶奶班·杜昂布巴（Yai Pan Duangbupah）是土生土长的乌隆府人，她笑容可掬地告诉我们："我从还是婴儿的时候就开始吃腌鱼酱，哪顿不吃就感觉不'saeb'。"在泰国东北部方言中，"saeb"既表示"非常美味"，又表示"非常舒心"，由此可见饮食对当地文化影响之深。腌鱼酱在泰语中叫"pla ra"，是泰国东北部饮食中的一块"基石"，既有滋味，又有营养。

在泰国东北部甚至是曼谷的任何一个生鲜市场里逛逛，腌鱼酱的刺鼻气味总会直冲脑门。腌鱼就和腊肉一样，都诞生于食物不甚丰富的过去，都是为了延长肉类的保存时间。地处内陆的泰国东北部地区，制作腌鱼酱自然用的是淡水鱼，最常见的就是暹罗鲦鱼（pla soi）。腌鱼酱只用三种原料：鱼、盐和米糠。决定腌鱼酱品质和味道的，是这几种原料的比例以及腌制的时间——短则数月，长则数年。

许多泰国东北风味菜里都会用到腌鱼酱，这种食材也可以单独制成辣椒鱼酱，里面只需再加入干烤辣椒、红葱头和大蒜即可。"想做出味道最好的辣椒鱼酱，必须要用两年以上的腌鱼酱。"老奶奶这样说。

做沙拉或做汤时，用的一般是腌鱼酱中发酵产生的浑浊酱汁；而做辣椒鱼酱时，却要用到腌鱼酱中的鱼块。把所有原料放到捣钵里捣好即可，如果还嫌腌鱼酱本身不够咸的话，可以最后再加些盐。"腌鱼酱必须非常咸。"老奶奶一边说，一边拿起一把煮熟的葫芦瓜叶，朝一大碗辣椒鱼酱里蘸下去。辣椒鱼酱名字里带了个"鱼"字，味道却没鱼味，极咸微苦。由于里面放了烤辣椒，一入口就会感觉火烧火燎，十分霸道。

菜谱提供者//
班·杜昂布巴奶奶
地点//
乌隆府

辣椒鱼酱

JAEW PLA RA

作为配菜供4人食用

准备时间：15分钟
烹饪时间：30分钟

原料

500克腌鱼酱或两条熟鲭鱼的鱼肉

10~15克干的红泰椒

2个红葱头

4瓣蒜

盐，提味用（腌鱼酱本身就很咸，盐不用备很多）

现挤青柠汁（可选）

配菜（可随意搭配）

白菜叶

葫芦瓜叶

菠菜叶

菜心，简单切段

茄子，切片

秋葵

1. 平底锅或炒锅开小火干炒辣椒约5分钟，直至炒出香味，颜色开始变黑。晾凉备用。
2. 把腌鱼酱中的鱼块（或熟鲭鱼鱼肉）放到砧板上，用手感厚重的菜刀剁成糜。盛入碗中备用。
3. 捣钵中放入红葱头、大蒜及炒干的辣椒，捣成细糊，可能需要30分钟。
4. 在盛有鱼肉糜的碗中放入捣好的辣椒糊，可以品尝一下，再加些盐。喜欢的话再挤一些青柠汁进去（老奶奶一般不会放青柠汁，但她说有人会放，让鱼酱咸中带酸）。
5. 制作配菜。大锅内注满水煮沸，放入蔬菜焯1~2分钟，至刚熟且口感微脆的程度。辣椒鱼酱可搭配这些蔬菜和糯米饭（见248页）一同食用。

“想做出味道最好的辣椒鱼酱，必须要用两年以上的腌鱼酱。”

班·杜昂布巴

15

椰香木薯蒸糕

KHANOM MAN SAMPALANG

在过去的24年里，伯恩斯·萨古恩蓬一直在乌汶府邮局门口贩卖泰式甜点，这种木薯蒸糕就是她的拿手绝活之一。

有些地方把富含碳水化合物的木薯当作主食，但在泰国，木薯是用来做甜点的。椰香木薯蒸糕是泰国东北部的一种简单甜点。这种蒸糕分量实在，味道香甜，透着浓浓的椰香，上面还撒了一大把椰肉丝。

伯恩斯·萨古恩蓬（Pornsee Sakunpong）的泰式甜点在乌汶府非常有名，过去24年里，她一直在市邮局外的人行道上做买卖，餐车上用泰语写着“Yai Udom”（乌多姆外婆），那是她妈妈的名字。“我做泰式甜点的所有知识都是她教的，做法也都是她传给我的。”伯恩斯每天会先在家里把传统的泰式和东北部风味甜点做好，然后装到流动美食车上去“老地方”开卖，她的丈夫会给她打下手，孙子辈偶尔也会来帮忙。

伯恩斯的美食车可不是邮局的什么下属企业，但邮局旁边有许多政府机构，成了她的主要客源地，主顾包括政府雇员、警察和消防员，甚至连府尹本人也会来买她的甜点。“我从周一卖到周五，从早上8点卖到下午3点，周末和节假日休息——所以别看我是卖甜点的，我在作息时间上享受的可是公务员待遇。”她开玩笑地说。伯恩斯每天要制作8～10种甜点，其中这款椰香木薯蒸糕特别受欢迎，常常第一个卖光。

椰香木薯蒸糕既像作为主食的“糕”，又似作为零食的“点”，味美量足，软糯丝滑。木薯糊负责提供热量，椰浆则负责提供味道和那种如膏如脂的口感。蒸糕味道虽甜，但并不甜得发腻，质地紧实黏软。蒸糕上面撒着刨成细丝的椰肉，用的还是成熟的椰肉，比椰青味道更浓，口感更筋道，咬下一口，椰子的清香跃然舌尖。

流动美食车经营者//

伯恩斯·萨古恩蓬

地点//

乌多姆外婆流动美食车，乌汶府

ขนมหวานหน้าไปรษณีย์
25

ลูกพ่อตาซุหร
กะทิสด

椰香木薯蒸糕

KHANOM MAN SAMPALANG

26厘米见方的一块蒸糕

准备时间：15分钟
烹饪时间：1小时

原料

2.5公斤木薯

500毫升椰浆

750克糖

满满2小勺盐

1个成熟椰子的椰肉，刨丝

1 把木薯彻底清洗干净，去皮，切成大小合口的块。与椰浆一同放入料理机，打成细糊。

2 把打好的木薯糊放入大碗中，加糖和盐搅拌，至糖充分溶化，不能有颗粒感。

3 取26厘米见方的金属或玻璃烤盘，倒入搅好的面糊，高度约2厘米。

4 上屉中火蒸30～40分钟，掀开锅盖时动作要快（不要让锅盖内壁的水滴到蒸糕上）。冷却至少1小时后的蒸糕质地会变得紧实黏糯。上桌前将蒸糕切成方块，撒上椰丝即可。

品尝泰式甜品的讲究

“khanom”在泰语中指或甜或咸的小食，是泰国饮食文化的重要组成部分。这类泰式甜品一般都讲究当天制作，而不是包装好的成品，全国各地的流动美食车和市场里都能买到。对许多泰国人来说，不管是甜椰奶冻还是油炸小食，每天总要吃点儿“khanom”才算完整。

Prachuap
Khiri Khan
巴蜀
Southern
Thailand
泰国南部
Chumphon
春蓬
GULF OF
THAILAND
泰国湾
Surat Thani
廊开
ANDAMAN
SEA
安达曼海
12
3
9
NAKHON
SI THAMMARAT
那空是贪玛叻
(洛坤)
KRABI
甲米
7
11
6
4
5
8
1
PHUKET
普吉
2
10
Trang
董里
Hat Yai
合艾
Narathiwat
那拉提瓦
STRAITS OF
MALACCA
马六甲海峡

泰国南部

辣中魁首，倚重海鲜、辣椒和咸盐。

餐厅老板//
朱莉蓬·达姆恭
地点//
甲米海口海鲜酒家，甲米

清酸汤鱼

KAENG SOM PLA

朱莉蓬·达姆恭女士是甲米海口海鲜酒家的老板。这家餐厅供应清真海鲜，她家的咖喱酸汤酸辣可口，还泛着姜黄特有的浓艳橘色。

如果只能用一种食物概括泰国南部的饮食，那一定是咖喱酸汤。这种酸辣汤通常使用鱼肉制成，并加入大量的辣椒和新鲜姜黄。泰国其他地区的咖喱酸汤与之相比，更像是远方表亲——它们通常是红色的而非琥珀色，并且更甜而少辣。泰国南部的咖喱酸汤虽然不是很甜，但酸爽热辣，每一口都让人无比满足。对泰国南部的人来说，无咖喱酸汤不成席。

朱莉蓬·达姆恭（Jureeporn Damkoon）是甲米镇上一家供应清真海鲜的餐厅老板。“小时候，我的父亲是一名捕捞鱿鱼的渔民，他会在晚上去深海捕捞。”她回忆道。当她父亲的鱿鱼干生意有所成就后，他帮助朱莉蓬修建了这家酒店兼海鲜餐厅。这家店是甲米镇上为数不多经过清真认证的优质餐厅，游客和本地居民都爱来这里用餐。

虽然朱莉蓬仍然热衷烹饪，但由于她每天忙于处理酒店和餐厅生意无法分身，所以她现在拥有一支三人的厨师团队打理所有厨房事宜。他们都是经过良好培训的泰国南部厨师，并按照朱莉蓬的要求制作食物。“我现在依旧会训练我的厨师，品评所有食物，以确保它们符合我的要求。”朱莉蓬耐心地微笑着说。

在甲米海口海鲜酒家，你可以尝尝咖喱鱼肉酸汤或咖喱虾酸汤，但咖喱鱼肉酸汤才是最传统的吃法。此外，你也可以选择青木瓜、笋或芋头茎等蔬菜作为搭配。她做的咖喱酸汤用的是尖吻鲈鱼，又名亚洲海鲈鱼。这种鱼肉质柔软，口味清淡，能很好地和汤汁融为一体。不同于带有甜味的熟木瓜，青木瓜微酸且生脆。咖喱酸汤的汤底融合了所有食材的味道，酸辣完美平衡，并呈现出姜黄的健康色泽。

供2人食用

准备时间：20分钟
烹饪时间：15分钟

原料

1升水

150克青木瓜，去皮，去核（可用笋、芋头茎或空心菜替代），切成适合一口大小的块

300克尖吻鲈或海鲈，或其他咸水鱼，切块

1大勺鱼露

3大勺酸角酱（见13页），或者柠檬汁

1大勺青柠汁

熟米饭，备用

咖喱酱

6根新鲜泰椒

5根干红辣椒

5瓣蒜

1个红葱头

1块拇指大小的鲜姜黄

1½大勺虾酱

1 先制作咖喱酱。干辣椒在水中浸泡15分钟，沥干。将鲜辣椒、泡好的干辣椒、大蒜、红葱头、姜黄、盐和少许水放入料理机中打成颗粒较粗的酱。然后加入虾酱，继续打若干秒，直至所有材料充分混合。

2 在中等大小的平底锅或汤锅中将水烧开，加入咖喱酱，煮沸1分钟后加入青木瓜。搅拌汤汁，再次沸腾时加入鱼肉，不要搅动。煮5~7分钟或直至鱼肉全熟。

3 关火，加入鱼露、酸角酱和青柠汁，小心搅拌，以免弄碎鱼肉。搭配蒸米饭（见249页）食用。

餐厅主厨//
依罗·索玛里萨旦比
地点//
蓝象餐厅，普吉岛

泰国南部风味大米沙拉

KHAO YAM

依罗·索玛里萨旦比是泰国顶级的主厨之一，在蓝象餐厅的普吉岛分店供应一种加入了大量香草的大米沙拉。

谈及泰国南部最独特的料理，无疑是一种被称为“khao yam”的大米沙拉。这道菜配料健康，选用了大量有益健康的泰国香草，而且十分可口，特殊的用料也赋予了它丰富的味道和口感。

依罗·索玛里萨旦比（Nooror Somany Steppe）是一名享誉全球的泰餐主厨。然而，她直到成年结婚后才发掘出自己在烹饪上的天赋，她意识到自己不仅年轻时从母亲那里习得了烹饪技巧，而且舌头也得到了训练，能够辨别出食物口味上的细微差异。

“成为一名主厨是一个不断学习的过程，”她说，“这道大米沙拉的做法就有一个很特别的由来。”有一次依罗为一个烹饪大赛做评委，她惊讶地发现获胜的那道大米沙拉竟然如此正宗。“它口味完美，不同的食材搭配出了非常丰富的口感。”之后，依罗就用那道菜的配方代替了自己原先的配方。如她所说：“通常，我们为了增加大米沙拉中的酸味，会加入大量的青柠或青芒果粒。但是这个配方里使用了火炬姜花。它让这道菜的酸味和口感都变得独一无二。”

依罗认为：“大米沙拉尝起来应该是咸、酸、辣和隐约一丝甘甜的依次呈现。”所用到的菩杜酱（budu sauce，一种发酵型鱼露，不同于腌鱼酱，它在发酵过程中不添加米糠，并且发酵时间更长）在和柠檬草慢煮后没有了鱼腥味，只留下鲜美的汤底。泰国青柠给这道菜增加了柑橘般的清爽口味，烤椰肉有种轻微的烟熏味，而沙拉汁则是咸酸适宜。但这道菜最出彩的地方还是其中加入的粉红色火炬姜花，这种多汁的植物为其带来了独特的酸味和香气。

作为配菜供4人食用

准备时间：60分钟
烹饪时间：30分钟

原料

50克煮熟的白色鱼肉

50克新鲜椰肉，刨丝

1½大勺青柠汁

1大勺红泰椒

1小勺干辣椒面

1小勺红糖

6大勺米饭，如姜黄米饭、黑香米饭、蓝花饭、糙米饭或菰米饭

1大勺煮熟的米粉

沙拉汁

（可以多做一些）

600毫升菩杜酱（泰国南部/马来西亚发酵鱼露）

40克棕榈糖或红糖

3个泰国青柠或普通青柠

3根柠檬草茎，纵向剖开，研碎

1块拇指大小的南姜或生姜，研碎

4大勺酸角酱（见13页）

2大勺红糖

½大勺虾酱

¼大勺盐

6个红葱头，拍碎

6片泰国青柠叶，撕碎

点缀

（全选或选择部分）

1~2只煮熟的大虾，或根据个人喜好添加

3大勺火炬姜花（或半个未成熟的青芒果，果肉切碎）

2大勺红葱头细丝

1大勺泰国青柠叶细丝

2大勺细切胡萝卜

1大勺切碎的豆角（或四季豆）

2大勺萎叶（或任意绿叶菜）

1大勺青辣椒碎

2大勺柚子肉，掰碎（葡萄柚或橙子）

7~8片积雪草叶（可用薄荷或香菜替代）

7~8片咖喱叶

1把豆芽

1 先做沙拉汁。用平底锅小火煮沸菩杜酱，加入棕榈糖继续搅拌5分钟，直到糖充分溶解。青柠皮擦碎，连同青柠汁一起加入锅中。持续搅拌，并加入柠檬草和南姜，中火加热5分钟。

2 与此同时，加入酸角酱、红糖、虾酱和盐，此外再加入泰国青柠叶和红葱头，持续搅拌并煨煮15~20分钟。酱汁会减少并变得浓稠。关火后用滤网过滤酱汁，除去渣滓。将酱汁装入碗中备用。

3 在研钵中加入鱼肉和椰肉，用捣杵研磨几分钟直至顺滑（也可用手持搅拌器替代）。炒锅中火加热，加入捣好的鱼肉椰肉混合物，翻炒10~15分钟，直至色泽淡金并散发香气。关火备用。

4 搅拌碗内加入4大勺制作好的沙拉汁、青柠汁、辣椒、干辣椒末和红糖，搅拌至糖充分溶解。加入米饭、米粉、大虾、焙炒过的椰肉鱼肉混合物、细细切丝的香草配料和新鲜蔬菜。轻柔搅拌所有原料即可。

牛肉汤

SOUP NEUA

佳丽·塔纳乌在厨房里忙前忙后，调制各种配料，很明显已是个烹饪老手了。她做的牛肉汤辣爽可口。

在泰国，用到牛肉的菜式并不多。但在泰国南部，牛肉却是很受大众欢迎的食材。典型的南部做法是将牛肉与各种香草和香辛料一起煨煮，并加入辛香的辣椒和红葱头提味。牛肉汤被称为“soup neua”（“neua”意为“牛肉”），由于加入了一系列口味强劲的配料（如辣椒和青柠汁），汤中不仅有牛肉的味道，而且酸辣刺激，是泰国南部料理中经典的开胃汤。

佳丽·塔纳乌（Jaree Thanawut）是一位来自洛坤府（Nakhon Si Thammarat）的家庭主妇，她和家人包括孙辈们住在一起。“我喜欢住在乡下，要吃什么蔬菜和香草都可以自己种，野生的也不少，而且所有菜都是有机的。”佳丽说。她家的土地上种植了香蕉树和椰子树等很多热带果树，还有蔬菜和泰国南部料理中必不可少的各种香草，如辣椒和柠檬草。如她所说：“住在乡下，跟邻居就能直接买到牛肉和别的肉类，都是当地生鲜。”

佳丽告诉我们：“牛肉汤里应该有大量的泰式香草和香辛料，吃起来酸酸辣辣的。”她做的酸辣牛肉汤里满是长时间炖煮出来的天然好味道：牛骨的醇香，大量新鲜青柠汁和酸角酱带来的奇妙酸味，以及浓郁的香草基调。炸红葱头为这道菜带来了洋葱的香甜气息，而汤中的清爽辣味则来自里面的青辣椒。

家庭主妇//
佳丽·塔纳乌
地点//
家庭厨房，洛坤府

牛肉汤

SOUP NEUA

作为配菜供4人食用

准备时间：30分钟
烹饪时间：1~4小时

原料

1个洋葱，切瓣

2个番茄，切瓣

2大勺酸角酱（见13页）

200毫升食用油，用于油炸

200克红葱头，切细丝

5根干辣椒

1大勺鱼露，或按口味添加

3~5根泰国鸟眼椒，捣碎，或按口味添加

1~2大勺青柠汁，或按口味添加

一把香菜

盐

汤底

约3升清水

300克牛骨

300克牛腱或牛臀肉，切小块

1头大蒜，去皮，掰成蒜瓣

4个红葱头，去皮

1块拇指大小的南姜或生姜，研碎

2根柠檬草茎，对半剖开，研碎

5片泰国青柠叶，撕碎

10~15根新鲜的泰国鸟眼椒，用研杵捣碎

1 先做汤底。在一口大汤锅里倒入水，中火加热。将牛骨、牛肉和其他配料一起加入锅中。小火煮沸后煨煮3~4小时，撇去这过程中所有产生的浮沫。

2 在汤底出锅前，加入洋葱、番茄和酸角酱，搅拌均匀并再炖煮15分钟，关火。

3 取两个小碗，将红葱头和一撮盐混合，用手挤出所有水分。在另外一个小碗中，将一撮盐和干辣椒混合。在炸锅中加入油，中火加热，然后放入红葱头，炸3~5分钟，直到葱头变得金黄酥脆，然后捞出沥干，放在铺了厨房纸的盘子中。用同样的方法将辣椒炸至酥脆，沥干。

4 取新碗，加入鱼露、鸟眼辣椒和青柠汁，然后倒入牛肉汤，与调料充分混合。可根据个人需要在碗中加入更多辣椒或青柠汁。在每一碗牛肉汤中都点缀上炸红葱头和炸干辣椒，以及少许香菜。搭配蒸米饭（见249页）一起吃。

餐厅老板//
素帕猜·洛通
地点//
乔克小弟餐厅，甲米

泰国南部风味 干煸猪肉咖喱

KHUA KLING MUU

素帕猜一出生就有一家以他名字命名的餐厅。如今，他开在甲米的乔克小弟餐厅供应一种做法独特的“khua kling”，这是一种味道十足的干煸猪肉咖喱菜。

虽然大部分泰式咖喱菜呈酱状或汤状，但是在泰国南部有一种叫“khua kling”的干性咖喱菜另辟蹊径，香料直接附着在肉上，而非融在咖喱酱中。这种咖喱料理在泰国南部十分普遍，通常用猪肉末或者牛肉末制成，口味浓郁。即使是在以口味辛辣闻名的泰国南部，“khua kling”依然是辣中翘楚。

素帕猜·洛通（Supphachai Roethong）昵称乔克（Joke），经营着甲米当地最出名的餐厅“乔克小弟”（Nong Joke）。这家店可以追溯到20世纪80年代，他的父母以他的名字命名了这家餐厅。“我出生在一个餐饮世家，”乔克说，“我的一生都和这项事业密不可分。”他的父母不仅教他如何烹饪，还教他怎样管理餐厅。然而乔克在很长一段时间里一直回避这份事业，大学期间取得的也是工程师学位。在那些年里，“我并不想经营餐厅，因为我目睹了父母是那么忙碌，没有任何闲暇旅游或出门。”但直到八年前，他的父亲希望他继承自己的衣钵，乔克无法拒绝，终于接受了这家与他同时诞生的同名餐厅。

有别于泰国南部其他版本的干煸猪肉咖喱，“乔克小弟”的干煸猪肉咖喱充满了泰国菜中不常用到的孜然香气，以及带着甘草气味的孜然叶。“我们家的干煸猪肉咖喱非常独特，”乔克说，“我会做的菜都是妈妈教给我的，这就是她的做法。”乔克的干煸猪肉咖喱味道丰富，碎柠檬草、泰国青柠叶和孜然很好地平衡了南姜的朴实气味。当然，这道菜也辣味十足。

作为配菜供4人食用

准备时间：1小时
烹饪时间：10分钟

原料

1大勺食用油

250克猪肉末

1块拇指大小的南姜或生姜，切末

1大勺鲜青胡椒

4片泰国青柠叶，切细丝，多备一些用于装饰

1把泰国甜罗勒叶，切末

一撮香菜籽粉

一撮孜然粉

1根新鲜红辣椒，切碎，装饰用

1大勺鱼露

1小勺红糖

咖喱酱（可以多做一些）

8根干辣椒

1个泰国青柠

4～6根新鲜红泰椒

3个红葱头，切片

3瓣蒜，切片

½块拇指大小的南姜，切片

1根柠檬草茎，去除外皮和顶端，切丝

1.5厘米的一块鲜姜黄，切丝

1小勺白胡椒

1大勺虾酱

1 制作咖喱酱。将泰式干辣椒在水中浸泡15分钟，沥干，切碎。泰国青柠皮切丝，和干辣椒、鲜辣椒以及除虾酱之外的所有咖喱配料一同放入捣钵捣至顺滑（也可用手持式搅拌器替代），用捣钵需要30～60分钟。最后加入虾酱，捣5分钟直到所有配料充分混合，备用。

2 煎锅或炒锅中倒入食用油，小火加热。油热后加入一满勺咖喱酱，持续翻炒大约2分钟，直到酱开始冒烟并散发香气。然后加入猪肉、糖和鱼露，继续翻炒大约10分钟，直至猪肉变成棕褐色并接近全熟。

3 锅内放入南姜、青胡椒粒和泰国青柠叶，与猪肉一起继续翻炒1分钟。关火，加入罗勒、香菜籽粉和孜然粉。用红椒丝装饰猪肉咖喱，再加一些切碎的泰国青柠叶点缀在菜上。

姜黄炸鱼

PLA THAWT KHAMIN

金塔娜·洛察纳塔姆经营着一家平价实惠的餐厅，这里的空气中充满了炸蒜、炸鱼以及撒在上面的姜黄的香气。

泰国南部菜肴的一个显著特色就是使用了大量姜黄。这种姜科植物的根茎有比胡萝卜更深的橙色。最典型的姜黄入菜例子之一，就是这种叫“pla thawt khamin”的姜黄炸鱼，上面放了大量橘色的油炸蒜和姜黄。

金塔娜·洛察纳塔姆（Jinthana Rotchanatham）来自泰国南部城市甲米，和大多数泰国人一样，她成长于一个热爱烹饪和美食的家庭。她早先的人生更像一个企业家——辗转生意场，寻找各种机遇。直到两年前，她决定将对美食的热爱和商业头脑结合，开了一家属于自己的餐厅。“我曾经开车在奥南海滩（Ao Nang）的风景区一带兜风。我发现那一带有很多餐厅，可是大多很贵，也不供应正宗的泰国本地美食，”她解释道，“所以我决定开一家餐厅，坚持平价，供应的泰国菜也一定要正宗。”

就这样，名为“Cheap Cheap”（平价实惠）的餐厅诞生了。它就在去往旅游景点核心区的路上。“我有自己的供货渠道，所有食材都是本地的，”金塔娜说，“这就是为什么我能够保持低廉的价格，同时又保证食物的质量。”相较于当地那些为了招徕更多游客而降低自身水准的餐厅，金塔娜的餐厅吸引了大量追求正宗泰式美味的外国游客和本国食客。

虽然你用什么鱼来做这道菜都可以，但金塔娜喜欢用一种出没在甲米湾浅水滩里的沙鲮。她之所以喜欢用这种鱼，是因为“你可以连鱼带骨头一起炸了吃掉”。在她的餐厅里，如果你点了一道姜黄炸鱼，没过一会儿，整个餐厅就会充满油炸大蒜的浓郁香味。炸鱼十分热且非常酥脆，和金黄酥脆的炸蒜与姜黄一起高高地堆在盘子里，搭配米饭非常好吃。

餐厅老板//
金塔娜·洛察纳塔姆
地点//
Cheap Cheap餐厅，甲米

姜黄炸鱼

PLA THAWT KHAMIN

作为配菜供4人食用

准备时间：15分钟
烹饪时间：15分钟

原料

1整条250克的沙鲮，去除内脏并清理干净（也可用鲭鱼、尖吻鲈鱼或鲷鱼替代）

100克泰国紫皮蒜或普通大蒜，掰散，切除根部，保留蒜皮

100克大蒜，掰散，切除根部并保留外皮

200克鲜姜黄，简单切碎

2根香菜根，简单切碎（可选）

½大勺盐

食用油，炸制用

1 研钵中放入大蒜、姜黄和香菜根，用捣杵捣碎至产生香气，注意别捣得太碎或太稀（可用食物料理机代替）。加入盐。

2 将鱼充分清洗并控干，将处理好的大蒜姜黄混合物均匀涂抹在鱼的两面，腌制5分钟入味。

3 炒锅或大煎锅中加入足够的油，中火加热。油热后，刮去鱼身上的腌料，将鱼两面各炸4分钟（取决于鱼的大小，完全炸熟大约需要3分钟）。

4 将剩下的大蒜姜黄酱混合物加入油锅中和鱼一起再炸3～5分钟，直到鱼变得金黄酥脆，全部放到铺有厨房纸的盘子上控干。将鱼放在盘中，上面堆上酥脆的大蒜和姜黄，和蒸米饭（见249页）一起食用。

Ya's TH
Ya's Thai Cookery School
www.thaicookeryschool.net
Miss ya Chop Chop!

泰国南部风味浓汤鱼肉咖喱拌米粉

KHANOM JIN NAM YA KHATI

在绰拉雅·老通开设的甲米烹饪学校里，学生们正在捣制用于“nam ya khati”的酱。这种鱼肉咖喱可搭配新鲜的米粉吃。

在泰国南部的大街小巷，随处可见一种叫”nam ya khati”的鱼肉咖喱酱，它有浓郁的椰浆汤底，融合了大量香辛料。这道菜的经典搭配是一种叫“khanom jin”的鲜米粉，两者放在一起成了浓汤鱼肉咖喱拌米粉。这道菜通常被人们当作早餐或者午餐，和本地蔬菜香草拼盘“phak naw”一起吃。对很多泰国人来说，如果去了泰国南部而没有吃浓汤鱼肉咖喱拌米粉的话，简直不算去过。

绰拉雅·老通（Cholaya Laothong）更多地被人们称为阿雅（Ya）。她在取得食品营养学的学位之后，就直接投身于餐厅事业。“我可以做任何类型的泰国菜，”阿雅说，“我的厨艺来自母亲的传授、大学教育以及经验的积累。”阿雅曾在许多世界级的酒店和餐厅担任行政主厨和经理，2000年，她开办了甲米烹饪学校（Krabi Cookery School），并任教学主任。阿雅告诉我们：“我想教外国人烹饪真正的泰国菜。”她总是从最基本的部分教起，在她的课堂上不用预先制好的酱料，做菜从用手捣咖喱酱开始。

“一份浓汤鱼肉咖喱的味道如何，取决于加入了多少鱼肉和咖喱酱。”阿雅解释说。好的浓汤鱼肉咖喱应该是味道丰富而饱满的。这种南部风味的咖喱和其他泰国咖喱的主要区别在于加入了更加浓郁的椰浆和姜黄，呈现出一种漂亮的黄色。新鲜的米粉口感爽滑，非常适合搭配浓郁的咖喱酱。她做的鱼肉咖喱辛香四溢，充满了柠檬草、南姜和姜黄的味道，此外还有浓稠椰浆带来的奶油般的丝滑口感。你可以根据菜谱多做些咖喱酱，冷冻保存。

烹饪学校经营者//
绰拉雅·老通
地点//
甲米烹饪学校，甲米

泰国南部风味浓汤
鱼肉咖喱拌米粉

KHANOM JIN NAM YA KHATI

作为配菜供4人食用

准备时间：1小时
烹饪时间：10分钟

原料

1条300克的鲭鱼

280毫升椰浆

3片泰国青柠叶，撕碎

咖喱酱（可以多做一些）

10根干红辣椒

3根干泰椒或红辣椒

2个红葱头，去皮，简单切块

5瓣蒜，去皮，简单切碎

½根柠檬草茎，修剪顶部后简单切段

1块拇指大小的南姜或生姜，简单切碎

2大勺新鲜碎姜黄

1个泰国青柠，取皮留用

2大勺盐

1大勺虾酱

搭配主食

1公斤鲜米粉或者煮熟的干米粉

点缀（全部或部分皆可）

2根黄瓜，切片

泰国茄子或者普通茄子，烫熟

罗勒叶

其他生食蔬菜，如豆芽、豇豆或卷心菜等

1 先做咖喱酱。干辣椒在水中浸泡约15分钟，沥干，切碎。

2 用捣钵和捣杵（或食物料理机）将除虾酱以外的所有咖喱酱配料捣磨成中等粗细的酱料，加入虾酱，再研磨1分钟，此时酱变得更稠更干。舀出2大勺酱，将剩下的咖喱酱装在容器里放进冰箱冷冻，留作日后使用。

3 用汤锅滚水将鲭鱼煮熟，需10~15分钟。将鱼去骨，把鱼肉加入咖喱酱中，捣大约5分钟直到充分混合。

4 取一口煮锅，中火加热椰浆。加入咖喱鱼酱，搅拌至充分融合。熬煮过程中要不停地慢慢搅拌，汤勺始终往一个方向搅（防止椰浆结块）。10~15分钟后，锅中的咖喱开始沸腾，加入泰国青柠叶后立刻关火。将鱼肉咖喱浇在米粉上，并且用新鲜蔬菜装饰。蔬菜可以是生的，也可以是焯过的。

“一份浓汤鱼肉咖喱的味道如何，
取决于加入了多少鱼肉和咖喱酱。”

绰拉雅·老通

姜黄五香鸡肉烩饭

KHAO MOK KAI

颂姆吉·库木派烹制姜黄五香鸡肉烩饭的灵感来自菜市场间的闲聊。这是一种泰国版的印度鸡肉饭，辛香浓郁，还配有香脆的炸红葱头。

泰国菜深受其他菜系的影响。比如这道姜黄五香鸡肉烩饭，就源自印度和波斯地区，传入泰国南部后，成了当地颇具代表性的一种食物。鸡肉和米饭，再加上肉桂、孜然、香叶等一系列香辛料，这个搭配在泰国菜中并不多见。这道菜因为添加了姜黄，所以呈明亮的金黄色，它通常还要搭配辣椒酱食用。如今，姜黄五香鸡肉烩饭已经是一道颇有泰国特色的美食了。

颂姆吉·库木派（Somjit Kumpai）来自那空沙旺府（Nakhon Sawan），随丈夫嫁到甲米后已在当地生活了40多年。她第一次来到泰国南部的时候，对当地的菜肴十分陌生，谈及烹制这道菜的起因，颂姆吉解释道："因为我要给丈夫做泰国南部菜，所以我就开始学。"在泰国中部长大的她，之前并没有机会接触姜黄五香鸡肉烩饭。"我还记得我第一次尝试khao mok kai，"她回忆道，"那是在甲米的集市上，我闻到那个香味，就想试试。"颂姆吉爱上了这种蓬松的米饭和汁多味美的五香鸡肉，如她所说："过了这么多年，就算有了孩子，我们每年还是会去当初我在甲米集市上闻到香味的那家店买五香鸡肉烩饭。"

颂姆吉曾经经营过一家提供泰国南部风味咖喱饭的餐厅，为当地公司的一百多名员工提供餐饮服务。如今她虽然已经退休，但还是每天为家人做饭。她做的五香鸡肉烩饭香味四溢，每一粒米饭都是那么松软且裹满了咖喱。鸡肉也用同样的香料制作，柔嫩多汁，而搭配的酱料是典型的泰式风味——又甜又辛辣。但让这道菜的味道更添一个层次的，其实是撒在饭上的油炸红葱头，它令吃到嘴里的每一口饭都十分香脆。

家庭主妇//
颂姆吉·库木派
地点//
甲米

姜黄五香鸡肉烩饭

KHAO MOK KAI

作为配菜供4人食用

准备时间：1小时
烹饪时间：1小时

原料

3个鸡腿，去皮，切成大块（总重大约700克）

2小勺咖喱粉

1小勺姜黄粉

1小勺香菜籽粉

½小勺孜然粉

1小勺肉桂粉

1小勺盐

1大勺糖

2片香叶/月桂叶

200毫升罐装无糖炼乳

20克黄油

500克泰国香米，淘洗沥干

500毫升清水

2大勺食用油，用于油炸

300克大号红葱头，切细丝

一撮盐

蘸酱

½小勺盐

5~6根干红辣椒

3大勺糖

2大勺白醋

1 大碗里倒入各种香料、盐、糖、香叶和炼乳，混合均匀。加入鸡肉，用勺子将腌料均匀涂抹在鸡肉上，腌15分钟。

2 煎锅或炒锅中加入黄油，中火加热至融化并开始冒泡。将鸡肉连同腌料一起倒入锅中，翻炒10~15分钟，直到肉全熟，有香味飘出。盛入盘中备用。

3 将沥干的米倒入一口中等大小的平底锅中，把鸡肉连同酱汁一起倒在米上，加水煮沸。盖上锅盖，转至小火，烹饪20~25分钟直到米饭全熟（也可以用电饭煲）。

4 与此同时，在煎锅或炒锅中加入足量的油用于煎炸。碗内投入红葱头丝和一撮盐，挤出红葱头里的水分。油热后放入红葱头，炸1~2分钟，直至金黄酥脆，捞出后放在铺了厨房纸的盘子里沥干油。

5 制作蘸酱。在捣钵里加入盐和辣椒，用捣杵捣约15分钟，得到颗粒较粗的酱料（也可用食物料理机）。在小汤锅里加入磨好的辣椒、糖、醋和2大勺水，煮沸，充分搅拌直到糖充分溶解，关火晾凉即可。

辣酱猪肋排

KAENG PHRIK SEEKHONG MUU

蓬·塔玛威索的餐厅是肉食行家们的首选。他所做的辣酱猪肋排香辣可口，还带着烟熏香味。

咖喱类菜肴在泰国南部十分盛行，这道辣酱猪肋排选用了独特的辣椒调味咖喱酱，是嗜辣人士无法抗拒的美味。不同于泰国南部大部分加了椰浆增稠的调味咖喱酱，这道菜的酱汁并不多。

出生在甲米的蓬·塔玛威索（Pong Thammavisooth）并非开餐厅起家，他的主要角色是肉品供应商——进口高质量的冷冻肉并提供给酒店、度假村和高档餐厅。谈及为何要开餐厅，他告诉我们："我的一个朋友打算开发他的商业地产，建设独栋公寓楼群、餐厅和其他配套娱乐设施，他知道我有渠道获得高品质的肉类原料，所以就邀请我一起开了这家餐厅。"在乔克小弟（见216页）的协助下，他们开了这家叫"Rhythm"的餐厅，供应西餐和泰国菜。菜单上的每样菜肴用的都是高级肉品。

这家餐厅建在陡峭的半山腰上，面朝甲米海岸，周围环绕着喀斯特石灰岩峭壁。餐厅空间开放，露台上也设有餐桌，美丽的印度洋和远处高挑稀疏的棕榈树都尽收眼底。在蓬看来，大多数前来此地用餐的客人都是为了"高级美食、无敌景观和休闲时光"。

他说："这道辣酱猪排是咸辣口味的，要就着米饭吃。像大部分泰国南部菜肴一样，我们添加了姜黄，用来提味增色。"这家餐厅里提供的辣酱猪肋排选用新鲜的优质猪肋排，切成适合一口大小的块。它的调味酱辛香浓稠，黑胡椒用量丰富，并且带有明显的烟熏干辣椒香气。

餐厅经营者//
蓬·塔玛威索
地点//
Rhythm餐厅，甲米

辣酱猪肋排

KAENG PHRIK SEEKHONG MUU

作为配菜供4人食用

准备时间：1小时
烹饪时间：1小时

原料

250克猪肋排，切成适合一口大小的块

½小勺虾酱

1½小勺鱼露

1小勺棕榈糖或红糖

3片泰国青柠叶，撕碎

咖喱酱（可多做一些）

50根干泰椒

1头蒜，切碎

3个红葱头，切碎

1大勺新鲜碎姜黄

2根柠檬草茎，修剪后切成细条

2大勺黑胡椒颗粒

1大勺盐

1大勺虾酱

1 制作咖喱酱。干辣椒在水中浸泡15分钟，捞出沥干，切成小块。在捣钵中依次加入黑胡椒粒、辣椒、蒜、红葱头、姜黄、柠檬草和盐，用捣杵捣30～60分钟，直至如黄油般顺滑。最后加入虾酱，再捣5分钟，直到充分混合。

2 中等大小的汤锅内放肋排，加水煮沸1小时。沥干肋排，和肉汤分开盛放，备用。

3 炒锅或汤锅中大火加热250毫升肉汤，余下的肉汤保留备用。加入满满一大勺调味酱（多余酱料可冷冻保存），搅拌至充分溶解。加入肋排煮沸，转中小火继续加热约20分钟，加入虾酱、鱼露、糖和青柠叶。继续煮5分钟至酱汁变得深红且质地浓稠。关火，与蒸米饭（见249页）同食。

สวรรค์ชั้น
7

泰国南部风味烤鸡肉

KAI KAW-LAE

泰国南部风味烤鸡肉浸透了大蒜和姜黄，包裹在厚厚的椰浆酱汁中。这道菜就是嘉璐婉·斯丹的挚爱。

泰国每个地区都有自己的烤鸡肉做法。在泰国南部，这种叫“kai kaw-lae”的烤鸡肉尤为受当地人喜爱，做法是将鸡肉裹上浓郁的椰浆酱汁后置于木炭上小火慢烤。虽然这道菜据说是发源于北大年府（Pattani）这个最靠近马来西亚的泰国省份，但其实它在整个泰国南部都非常流行。

嘉璐婉·斯丹（Jaruwan Sedan）已经不记得自己从多大起就爱上了这道菜。在她小时候，当地最有名的烤鸡店距离她家开车都要30分钟，“所以爸爸只在节日和新年这样的特殊日子里才会去买。”她笑着回忆道。这道烤鸡的酱料美味得让人难以抗拒，直到现在依旧是她最爱的食物之一。

在泰国南部，这种烤鸡是种街边美食。临时摊位、三轮车拖着的烤炉，甚至在路边用半个油桶做成的烤架上，都能找到这道风味烤鸡肉。人们一般都是买了带走，在附近有海滩的地方，人们也喜欢买来当野餐。嘉璐婉觉得：“烤鸡肉既可以当解馋小食，也可以当作正餐和热米饭一起吃。”

她的家人和她一样爱吃这道菜，所以她也经常做。嘉璐婉说：“如今有些人会在酱料中加入面粉增稠，但是正宗的做法应该是使用百分百的椰浆，并不断加热使它黏稠厚重。这虽然更耗时间，但是出来的效果却天差地别。”她做的泰国南部风味烤鸡肉用木炭低温慢烤，所以肉质柔软多汁，还融入了大蒜和姜黄的味道。搭配鸡肉的烧烤酱风味浓郁，带着长时间低温慢烤产生的轻微烟熏味，充满了辣椒和生姜的美妙香气。此外，烧烤酱中酸角酱、椰浆和棕榈糖碰撞出来的酸甜口味也十分奇妙。

家庭厨师//
嘉璐婉·斯丹
地点//
洛坤府

泰国南部风味烤鸡肉

KAI KAW-LAE

供8人食用

准备时间：1小时
烹饪时间：1小时

原料

1.5公斤鸡肉，如鸡腿、鸡翅或鸡胸肉

1块拇指大小的鲜姜黄

1头蒜，去皮掰散

1撮盐

500毫升椰浆

烧烤酱

1升椰浆

100克干的红泰椒

300克红葱头，简单切碎

1块5厘米的生姜，简单切碎

2大勺酸角酱（见13页）

100克棕榈糖或红糖

1½大勺盐

烧烤用的粗竹签（可选）

1 制作腌肉酱料。将酸角酱、蒜和一撮盐放入捣钵用捣杵捣碎（也可用食物料理机处理），大体捣碎后倒入椰浆搅拌。然后把腌料涂抹在鸡肉上，腌至少15分钟。

2 制作烧烤酱。干辣椒浸泡15分钟后沥干，放入食物料理机或搅拌机中，并加入一半的椰浆、红葱头和生姜，打至柔滑。

3 平底锅中加入剩余一半椰浆，朝一个方向搅拌（如顺时针）直到表面浮起一层油脂，约需15分钟。油脂形成后，加入打好的辣椒椰浆混合物，继续中火加热5分钟，持续搅拌。

4 加入酸角酱、盐和糖，低温加热10~15分钟，直到酱料开始变厚变稠。

5 中火预热烤架，如果使用竹签，则事先将其用水浸泡，再穿上几块鸡肉。鸡肉接近全熟时，刷上厚厚的烧烤酱。继续烤5分钟，再刷一次酱，再烤1分钟，确保鸡肉全熟。作为小食或搭配热米饭一起食用。

“我喜欢这道烤鸡肉，
烤过之后仍然汁水丰富、
香气四溢、甜中带辣、风味十足。”

嘉璐婉·斯丹

餐厅老板//
塔纳蓬·马卡瓦特
地点//
阿木童地道泰餐，曼谷

普吉岛风味煨猪肉

MUU HONG

塔纳蓬·马卡瓦特开在曼谷的地道餐厅为当地带去了泰国南部的美味。这道普吉岛风味煨猪肉绝妙地使用了黑胡椒和白胡椒，带来了独特的风味。

普吉岛上有许多来自福建的客家人，对当地的餐饮风格产生了很大的影响。这道普吉岛风味煨猪肉在烹制过程中加入了酱油、棕榈糖和胡椒，需要炖上好几个小时，正是这一影响的体现。

塔纳蓬·马卡瓦特（Thanaporn Markawat）来自餐饮世家。他说："我都不记得自己是从什么时候开始爱上美食的了，似乎从我记事之前，它就成了我生命的一部分。我很小的时候就去买菜、烹饪，还帮我的父母打理餐厅。"他在美国完成了烹饪管理学位后就回到泰国，开了这家属于自己的餐厅，取名为"地道"（The Local）。

他回忆道："我会的菜品大部分都是父母教给我的，我的祖父母则教会了我如何运用不同的配料，不仅要做出正宗的泰式风味，更要能体现出深厚的烹饪文化。比如，西瓜与米饭可以同食，因为一冷一热正好平衡。"

普吉岛风味煨猪肉尝起来应当是咸甜适中的，其中的关键就是选用上乘的胡椒和香菜根，它们能让猪肉更加入味。这道菜里的香辛料放得并不多，黑胡椒和白胡椒是增添风味的主角。酱油和棕榈糖以及长时间的煨煮，也让猪肉口感更浓郁。有人做这道菜时会放鸡蛋，但塔纳蓬喜欢在里面加入鸭蛋。因为他觉得这会"增加这道菜的色泽和味道"。他做的煨猪肉要用到三个部位的猪肉，口感柔软，呈现出慢炖后的酱汁色泽。胡椒味十足的酱汁收到质地浓稠，让咸鲜的酱油有了一丝甜美的滋味。

作为配菜供4人食用

准备时间：30分钟
烹饪时间：3~4小时

原料

300克猪五花肉、腰肉和里脊，切成适合一口大小的块

1大勺食用油

1½大勺蚝油

2大勺美极鲜味汁

1½大勺老抽

2大勺生抽

2大勺棕榈糖或红糖

0.5~1升鸡汤或清水

2个鸭蛋或鸡蛋，煮全熟

4个鹌鹑蛋，煮全熟（可选）

胡椒酱

5个红葱头，简单切碎

2瓣蒜

3根香菜根

1大勺黑胡椒粒

1大勺白胡椒粒

1 将红葱头、大蒜、香菜根和黑白胡椒粒倒入捣钵中捣约15分钟，获得质地粗糙的胡椒酱。

2 小火加热平底锅，倒油。油热后加入捣好的胡椒酱，炒制几分钟直到散发香气。这一步有助于提味。

3 倒入猪肉炒5分钟，再加入蚝油、美极鲜味汁、生抽和老抽调味。加糖翻炒至完全溶解。加入300毫升鸡汤（或清水），煨煮约1小时。可按需加入更多鸡汤，防止汤汁变干。

4 锅中加入各种蛋，再煨1.5小时，直到猪肉变烂且入口即化。如锅中酱汁变少，可再添加鸡汤或水。搭配米饭一同食用。

“其中的关键就是选用上乘的胡椒和香菜根，
它们能让猪肉更加入味。”

塔纳蓬·马卡瓦特

椰香芋艿糕

KHANOM TAKOH

娜丽萨那·普姆查特以前常在自家餐厅里帮母亲用蕉叶和班兰叶包裹小甜点，她最喜欢的就是这种带着咸味的椰香芋艿糕。

虽然泰国全境都产椰子，但是南部半岛因其全年的热带气候，出产的椰子品质最好，含油量最高。得益于土地的馈赠，当地的椰香芋艿糕格外好吃。这种食物不仅有布丁的软滑口感，糕底还有因为添加了绿豆粉而变得黏糯的甜芋艿（偶尔还有甜玉米）。椰香芋艿糕的糕底通常极甜，而盖在上面的椰浆布丁却是咸的。这种咸与甜的口味相得益彰，吃起来也显得更加独特。固然大部分泰式甜点都含有椰浆，但这种食物因为无与伦比的浓郁椰香味而成为椰子爱好者的不二选择。

受开饭店的母亲影响，娜丽萨那·普姆查特（Narissara Pumchat）从小就被各种食物和餐厅氛围所环绕。她介绍道："南部大多数咖喱菜餐厅里都会在前台出售一些甜点和小食，我家的餐厅也不例外。我最喜欢做的事情就是帮妈妈制作甜食。我特别享受用蕉叶包裹甜点，每种都尝尝。"如今，娜丽萨那只有在特别的日子或非常想吃的时候才会做这些东西，但她依旧喜欢按照母亲的食谱烹制，她兴奋地说："我尤其喜欢这种椰香芋艿糕。"

椰香芋艿糕可以像布丁那样用勺子挖着吃，但是有些人喜欢从底部挤出来，一口吸进去。娜丽萨那说："这种点心充满了班兰叶的香气，口感甜糯且椰香浓郁，所以我非常喜欢它。"

菜谱提供者//
娜丽萨那·普姆查特
地点//
甲米

椰香芋艿糕

KHANOM TAKOH

制作大约40个

准备时间：30分钟
烹饪时间：30分钟

原料

2片班兰叶

350毫升清水

100克芋艿

35克绿豆粉

100克糖

400毫升椰浆

25克米粉

1小勺盐

香蕉叶或纸杯蛋糕模具，用来盛装布丁

1 中等大小的平底锅内加入班兰叶和水，中小火加热约15分钟，让班兰叶的香气释放出来。将叶子取出，留汤汁备用。

2 芋艿削皮，切成半厘米的小块，隔水蒸约20分钟至芋艿柔软。

3 汤锅中加入班兰叶水、绿豆粉和糖，小火加热，并持续搅拌约5分钟，直到所有原料充分溶解。然后加入蒸熟的芋艿块，文火煨2分钟后盖上锅盖，转微火。

4 另取一口汤锅，混合椰浆、米粉和盐，中火加热。煮沸后继续搅拌炖煮5分钟，直到锅中混合物变稠。

5 将香蕉叶用牙签（在泰国常用订书钉替代）固定成约5厘米大小的糕托，也可以用纸杯蛋糕模具代替。关火后迅速将芋艿混合物用勺子舀入香蕉叶中，再用勺子底部抹平。上面再加一满勺椰浆混合物，像一层厚厚的雪覆盖在上面一样。这两层应当还是热的，才能够相互粘牢。

6 放置0.5～1小时，两层糕会变稠并粘连在一起。

I have
to put
on my weight

椰子汤圆

KHANOM KHO

如果受邀参加洛坤府附近的婚礼，你将有幸尝到佳丽·塔纳乌用新鲜椰子制成的椰子汤圆。

椰子汤圆是泰国南部十分常见的甜点，这种用糯米粉做成的汤圆里面包裹着棕榈糖，外面裹着新鲜椰肉碎。这道甜点随处可见，又因为食材易得，所以在家中就可制作。它的大小和大号的口香糖球差不多，通常被做成五颜六色的——紫的、蓝的、红的、绿的，当然也有白的，在泰国南部的很多地方都十分受欢迎。

佳丽·塔纳乌来自泰国南部半岛靠近泰国湾的洛坤府。她和家人住在乡下，那里到处都是灌木丛林、橡胶树和热带果树。虽然她家主要以橡胶种植为生，但她的家宴远近闻名。她说："我的朋友和亲戚会时常雇我为他们操办大型宴席，比如婚礼或节日派对。我每次都会做这种椰子汤圆来为宴席收尾。它简单易做，做起来很有趣，而且所有人都喜欢。"

佳丽告诉我们："这种汤圆最好是趁新鲜吃。新鲜的口味更好，而且鲜椰肉放太久就会变酸。"汤圆外面裹的椰肉碎香味浓郁且充满油脂，因为新鲜所以吃起来很脆。它的外皮用水和糯米粉制成，柔软且略带黏性。只有馅是甜的，来自棕榈糖，带着一点儿焦糖和坚果的味道，略带嚼劲。裹在外面的椰肉碎的一丝咸味和糖馅的甜味相得益彰。

家宴厨师//
佳丽·塔纳乌
地点//
洛坤府

椰子汤圆

KHANOM KHO

100个汤圆，50个白色，50个紫色

准备时间：15分钟
烹饪时间：1小时

原料

一把豌豆花或几滴紫色食用色素

200克糯米粉

200克棕榈糖

1个新鲜的成熟椰子，只取椰肉，刨丝（或用140克干椰肉替代）

½大勺盐

2片班兰叶，打结

1 如果用豌豆花，将它浸在60毫升的清水中20分钟。如果使用食用色素，则在60毫升清水中加几滴即可。

2 在染色的水中倒入100克糯米粉，另一半糯米粉则倒入60毫升的清水中。分开搅拌，揉捏约5分钟。面团会变得十分黏。

3 将棕榈糖切成半厘米的小块，备用。在烤盘上撒上现刨椰肉，与盐混合，备用。

4 将面团等分成100个松露巧克力大小的小球，逐个压扁，放上一个糖块，搓汤圆。

5 中等大小的平底锅内倒入一半的水，加入班兰叶（如果使用），煮沸后每次7~8个汤圆分批放入锅中，滚水煮3~5分钟直到汤圆浮起。用漏勺将汤圆捞出，沥干水后迅速放到铺了椰肉碎的烤盘上。晃动汤圆直到全部裹上椰肉碎。5分钟后即可食用。

“这是一道很适合教孩子做的甜点。
因为他们总是很喜欢把糖块加到面团里，
并揉成小圆子。”

佳丽·塔纳乌

基本食谱

糯米饭

STICKY RICE

在泰国北部，糯米饭是咖喱、汤和沙拉最常搭配的主食。

供4人食用

原料

500克糯米

水

1 糯米浸泡4~5小时，或一整夜。

2 将米放入竹制蒸笼或其他类型的蒸笼，盖上盖子。

3 中火蒸15分钟至糯米松软。

4 趁热食用。

炸蒜末

CCRISPY-FRIED GARLIC

通常用于点缀泰式沙拉、汤或咖喱。

供4人食用

原料

4大勺食用油

4瓣蒜，拍碎

炒锅或大平底锅中加入油，中火加热。油热后加入拍碎的蒜末，炸至金黄酥脆。捞出后放在厨房纸上沥干。

蒸米饭

STEAMED RICE

泰国香米是泰国中部和南部的主要大米品种，但该地区其他类型的稻米也适合蒸饭。

供4人食用

原料

300克米

水

1 淘米，至水变清。

2 如果使用电饭煲，1份米加1.5份水。普通模式蒸煮。

3 如果使用锅来蒸饭，1份米加2份水。大火烧开水后，转至小火焖蒸15分钟。

4 关火，用叉子把米饭拨松。

炸红葱头丝

CRISPY-FRIED SHALLOTS

通常用于点缀泰式沙拉、汤和咖喱菜。

供4人食用

原料

8大勺食用油

4个红葱头，切细丝

炸锅内倒油，中火加热，放入红葱头丝，炸3~5分钟直到红葱头丝变得金黄酥脆，放入铺有厨房纸的盘中沥干。

食谱来源

阿查莉娅·本娅泊萨亚，糕点师（108~111页）/Achareeya Boonyaboosaya

阿玛拉·柴帕瑟特，Le Grand Lanna餐厅，清迈（118~121页）/Amara Chaiprasert，Le Grand Lanna, Chiang Mai; www.dharadhevi.com; +66 53 888 888

阿梅，火车巷，南邦市场（140~143页）/Khun May, Soi Rotfai, market stall in Lampang

阿蒙斯里·巴塔纳斯当谷，家庭厨师，曼谷（44~47页）/Amornsri Pattanasitdanggul, Bangkok

安卡柴·玛特塔基，大都灵魂饮食餐厅，曼谷（20~23页）/Eakachai Matthakij, Soul Food Mahanakorn, Bangkok; www.soulfoodmahanakorn.com; +66 (0)-2714-7708

巴尼·塔纳柴，Kao Jao市场，南邦府（158~161页）/Pranee Thanachai, Kao Jao Market, Lampang

班·杜昂布巴，乌隆府（196~199页）/Pan Duangbupah, UdonThani

本·泰·凯瓦比，炖肉馆，乌隆府（178~179页）/Boon Thai Kraiwabi, Laap Nuad, Mak Khaeng, Udon Thani; +66 (0) 42 328 172

比亚瓦迪·简都卢本，阿米塔泰国菜烹饪班，吞武里（102~105页）/Piyawadi Jantrupon, Amita Thai Cooking Class, Thonburi; www.amitathaicooking.com; +66 (2) 466 8966

毕思特·拜拉梧，朵颐凉拌鸭餐馆，乌汶府（182~185页）/Pisit Pairaw, Doi Laap Bet, UdonThani

伯恩蒂巴·纳亚那洛恩达，中巷餐厅，曼谷（28~31页）/Porntippa Rayananonda, Klang SoiRestaurant, Bangkok

伯恩蒂普，伯恩蒂普家戒寺烤鸡店，乌汶府（168~169页）/Khun Porntip, Porntip Gai Yang Wat Jaeng, Ubon Ratchathani

伯恩斯·萨古恩蓬，乌多姆外婆流动美食车，乌汶府（200~203页）/Pornsee Sakunpong, Khun Yai Udom, Ubon Ratchathani

查拉婉·瓦萨萨米特，小吃摊主，曼谷（68~71页）/Chalatwan Wasasamit, Bangkok

绰拉雅·老通，甲米烹饪学校，奥南，甲米（222~225页）/Cholaya Laothong, Krabi Cookery School, Ao Nang, Krabi; www.krabicookeryschool.com; +66 (0) 75 662 155

达侬萨格·尤德外，Nahm餐厅，曼谷（94~97页）/Tanongsak Yordwai, nahm, Bangkok; www.comohotels.com/metropolitanbangkok/dining/nahm

杜昂蓬·松吉萨瓦，Bo.lan餐厅，曼谷（90~93页，112~115页）/Duangporn Songivsava, Bo.lan, Bangkok; www.bolan.co.th; +66 (2) 2602 962

佳丽·塔纳乌，家庭厨师，洛坤府（210~213页，244~247页）/Jaree Thanawut, Nakhon Si Thammarat

嘉璐婉·斯丹，家庭厨师，洛坤府（234~237页）/Jaruwan Sedan, NakhonSi Thammarat

金塔娜·洛察纳塔姆，Cheap Cheap餐厅，奥南，甲米（218~221页）/Jinthana Rotchanatham, Cheap Cheap Restaurant, Ao Nang, Krabi

玛丽咖·塔姆瓦特塔纳，Ruen Mallika餐厅，曼谷（56~59页）/Mallika Thamwattana, Ruen Mallika, Bangkok; www.ruenmallika.com; +66 02-663-3211-2

莫顿·尼尔森，Benjarong餐厅，曼谷（80~83页）/Morten Nielsen, Benjarong, Bangkok; www.dusit.com/dusitthani/bangkok; +66 (0) 2200 9000

纳别布·噶木桑，蕉叶烤鲶鱼，难府商铺（136~139页）/Rabiab Kamsang, Aeb Pa Nun, market stall in Nan

娜丽萨那·普姆查特，家厨，甲米（240~243页）/Narissara Pumchat, Krabi

娜塔蒙·寨迭德，Poj Spa Kar餐厅，曼谷（72~75页）/Nathamon Jaidet, Poj Spa Kar, Bangkok; +66 2 222 2686

尼迪蓬·蒙根，小房子泰国菜烹饪学校，清迈（130~131页，148~151页）/Nitipong Moong Ngern, Small House Cooking School, Chiang Mai; www.chiangmaithaicooking.com; +66 09-567-4455-0

尼迪瓦帝·素坡民，“咖姆妈”牌竹筒饭，南邦府（154~157页）/Nittiwadi Supromin, Khao Lam Mae Kamun, Lampang

依罗·索玛里萨旦比，蓝象餐厅，曼谷（52~53页）和普吉岛（208~209页）/Nooror Somany Steppe, Blue Elephant, Bangkok and Phuket; www.blueelephant.com

帕特萨恭·达迪亚帕克，Celadon餐厅，曼谷（32~33页）/Phatsakorn Tatiyaphak, Celadon, Bangkok; www.sukhothai.com/Dining/Celadon; +66 (0) 2344 8888

蓬·塔玛威索，Rhythm餐厅，7- Heaven，甲米（230~233页）/Pong Thammavisooth, Rhythm Restaurant, 7-Heaven, Krabi

蓬萨克·斯里盘，瑞恩罗望子餐厅，清迈（126~129页）/Pongsak Siriphan, Ruen Tamarind, Chiang Mai; +66 53 418 896

萨麦·斯拜，Baan Hao凉拌鸭餐厅，乌汶府（170~173页）/Samai Sriprai, Baan Hao Laap Bet, Ubon Ratchathani

萨姆峦·绰通，小吃摊主，曼谷（66~67页）/Samruay Choothong, Bangkok

萨努斯·马列，是隆泰国菜烹饪学校，曼谷（12~13页，16~19页）/Sanusi Mareh, Silom Thai Cooking School, Bangkok; www.bangkokthaicooking.com; +66 (0) 84 726 5669

赛育德·迪翁，好帮手阿普烹饪学校，曼谷（36~39页，76~77页）/Saiyuud Diwong, Cookingwith Poo by Helping Hands, Bangkok; www.cookingwithpoo.com; +66（0）80 434 8686

颂姆本·瓮娜力，颂姆本凉拌烤鱼摊，流动摊主（174~177页）/Somboon Wongnari, SomboonLaab Pla Pao

颂姆吉·库木派，家庭厨师，甲米（226~229页）/Somjit Kumpai, Krabi

素帕猜·洛通，乔克小弟餐厅，甲米（216~217页）/Supphachai Roethong, Nong Joke, Krabi; +66（0）75 611 639

素帖普·楚特斯力应勇，Piang Kee餐厅，曼谷（62~65页）/Suthep Chutsiriyingyong, Piang Kee, Bangkok

素瓦比·田斯里瓦罗多姆，韩妈餐厅，南邦府（144~145页）/Suwapee Tiasiriwarodom, Mae Hae, Lampang; +66（0）54 221904

塔纳蓬·马卡瓦特，阿木童地道泰餐，曼谷（238~239页）/Thanaporn Markawat, The Local by Oamthong Thai Cuisine, Bangkok; www.thelocalthaicuisine.com; +66（0）2 664 0664

瓦利特·斯缇班，桑普兰滨江餐厅，佛统府（84~87页）/Walit Sitthipan, Sampran Riverside, Nakhon Pathom; www.sampranriverside.com

婉达·玛甘万利，婉达汤饭馆，难府（152~153页）/Wanda Makeweli, Khao Gaeng Wanda, Nan

威驰特·姆古纳，"饭"餐厅，曼谷（40~43页）/Vichit Mukura, Khao, Bangkok

维莱婉·古尼班，旺甘宋丹二分店，乌汶府（186~189页）/Wilaiwan Kunipan, Som Tam Wang Kaew Saka 2, Ubon Ratcha-Thani

维蒙·东林，新年宋丹餐馆，乌汶府（164~167页）/Wimon Tong-Rin, Som Tam Pimai, Ubon Ratchathani; +66（0）897208101

维特萨努·波达瓦特，乌隆盐衣烤鱼餐厅，乌隆府（192~195页）/Witsanu Potawat, Udon Miang PlaPao, Udon Thani; +66（0）93 996 1465

伊恩·吉缇柴，Issaya Siamese Club，曼谷（48~51页，98~101页）/Ian Kittichai, Issaya Siamese Club, Bangkok; www.issaya.com; +66（0）2 672 9040-1

玉彬·曼乐欧德，家庭厨师，曼谷（24~25页）/Yupin MacLeod, Bangkok

朱莉蓬·达姆恭，甲米海口海鲜酒家，甲米海口（206~207页）/Jureeporn Damkoon, Paknam Krabi Seafood, Krabi; www.paknamkrabiseafood.com

朱侬布·东迪，Kao Jao市场，南邦府（132~135页）/Junob Tongdee, Kao Jao Market, Lampang

朱娅·查特翁，吉祥厨屋，乌隆府（190~191页）/Junya Chatwong, Krua Mongkhon, Udong Thani

我们的作者

奥斯丁·布什（Austin Bush）1999年就在泰国清迈大学修习语言。工作机会、城市生活和美食的诱惑让他来到曼谷并留在了这里。奥斯丁是一位作家兼摄影师，作品大多与美食相关。他已经参与了超过25本Lonely Planet图书的写作，同时也为其他媒体供稿。

更多奥斯丁的作品请见：www.austinbushphotography.com

马克·维恩斯（Mark Wiens）在美国的大学毕业后就买了张单程机票飞去泰国。他并无任何安排，只想痛快地享受美食。他依然记得自己第一次走进夜色中的曼谷——美食天堂就在他的面前敞开了怀抱。从这一刻起，他从一趟东南亚的短途旅行踏上了绵延数年的饕餮、旅行与探索之路。在此，他想感谢自己在旅途中相识的妻子嘉璐婉·维恩斯（Jaruwan Wiens），感谢她一直以来的帮助与支持。

马克的泰国美食博客请见：www.eatingthaifood.com；他的美食探索之旅请见：www.migrationology.com

术语表

积雪草

叶子常用于制作软饮、入茶，或者直接加入沙拉中。

鸟眼椒

泰国料理中使用的最辣的辣椒之一。这种尖头小辣椒非常辣，却充满果香。它常用于制作调味酱和沙拉。

菩杜酱（*budu* sauce）

发酵型鱼露，常见于泰国南部。用凤尾鱼和盐制成。通常用于给菜肴增味，也和鱼肉、米饭和生蔬菜一同食用。

椰浆/椰脂

由成熟椰子的果肉榨取制成。注意与椰汁的区别，椰汁指的是取自椰青的液体。

熟椰子

又名棕椰子。主要用来取厚厚的香浓椰肉，椰汁较少。

椰青

又名白椰子或生椰子。它比熟椰子含有更多的椰汁。果肉柔软，质地像果冻。

腌鱼酱（*pla ra*）

常见于泰国北部的一种酱料，用多种鱼肉腌制。

南姜

外形和口味都类似生姜。常见于泰国菜，尤其是各种咖喱酱料中。

圣罗勒

带有辛烈、类似丁香和胡椒的气味，是泰式料理中最常用的罗勒属香草，鸡肉、猪肉和海鲜菜肴中十分常见。

泰国青柠

这种绿色水果以浓郁的香气著称。它的汁水太酸，不适合入菜，但外皮很适合制作调味酱。它的叶子同样可用于烹饪。

凹唇姜

外形酷似手指的根类植物，味道独特，比生姜或南姜温和。常用于制作鱼肉料理和调味酱，也可加入米饭中调味。

莲藕

跟富含淀粉与口感黏糯的芋头不同，莲藕无论怎么烹饪，吃起来依旧爽脆。

毛茄（*ma euk*）

这种果实味道是酸的。

空心菜（*phak bung*）

又称暹罗豆瓣菜或水菠菜。茎可以直接生吃，也可以炒菜或放入咖喱中。

棕榈糖

扇叶树头榈的汁液熬煮成糖浆后结晶而成，这种棕榈树有时也叫糖椰树。主要用于制作糖果和甜点，也可加到咖喱和其他酱汁中。

班兰叶

这种植物长长的绿色叶子形似棕榈叶，但并非同属。可作为天然食物添加剂，给食物增添自然香味、甜味和染上绿色。也可入酱。

水茄

一种子弹大小的茄子属植物，味道很苦。通常会整个放入泰式咖喱和汤中。

泡蒜汁

泰式菜肴中的常见配料，在泰国中部和北部菜肴中尤为常见。

烤辣椒酱（*nam phrik phao*）

用糖和酸角调味的红辣椒酱，辣度中等，可用来涂抹面包或吐司。

蛇皮果

因其酷似蛇皮的果皮而得名，是一种酸甜多汁的水果。

刺芹

一种叶片边缘呈锯齿状的香草，原产于中南美洲，因强烈的香菜气味而风靡泰式料理。通常是生着用。

虾酱

常见的东南亚菜调料，由虾捣碎发酵而成。泰国南部使用的虾酱有两种：一种混合了虾和鱼肉，另一种口味偏甜。

柠檬草

也叫作香茅，是香茅属的禾草。因其独特的香气常见于亚洲菜肴中，也可用作草药、泡茶或制作芳香用品。

泰国罗勒

带有轻微甘草的辛香，常用于制作调味酱。

泰椒

颜色艳丽的长条辣椒，在泰式料理中属中等辣度。在泰国北部料理中通常是烤的。

泰国圆茄子

一种东南亚地区的茄子，鸡蛋大小，茄身绿白。通常生吃，用于沙拉或做点缀。

姜黄

原产于印度的植物。一般做成姜黄粉，泰国南部料理中常像使用生姜一样用新鲜姜黄入菜。

酸角汁/酸角酱

口味酸甜，是泰式炒河粉酱料中的重要配料。酸角越成熟，酸角汁的酸味就越淡，也越甜（即可用于甜点制作）。参见13页。

幕后

关于本书

这是Lonely Planet《泰国美食之旅》的第1版。本书的作者为奥斯丁·布什和马克·维恩斯。

本书为中文第一版，由以下人员制作完成：

项目负责 关媛媛

项目执行 丁立松

翻译统筹 肖斌斌 王玫珺

翻　　译 李冠廷 章怡

内容策划 徐一丹（本土化内容） 丁立松

视觉设计 李小棠 佟雪莹

协调调度 高原

责任编辑 马珊 叶思婧

编　　辑 普黎洋

地图编辑 马珊

制　　图 田越

终　　审 朱萌

流　　程 孙经纬

排　　版 北京梧桐影电脑科技有限公司

感谢所有试做食谱的参与者。

感谢罗霄山为本书提供的帮助。

声明

本书插图由陈曦和路易斯·席仑（Louise Sheeran）绘制。

本书部分图片由马克·维恩斯、奥斯丁·布什拍摄，其他图片由Getty images、Lonely Planet Images提供。

本书部分地图由中国地图出版社提供，其他为原书地图，审图号GS（2017）1482号。

说出你的想法

我们很重视旅行者的反馈——你的评价将鼓励我们前行，把书做得更好。我们同样热爱旅行的团队会认真阅读你的来信，无论表扬还是批评都很欢迎。虽然很难一一回复，但我们保证将你的反馈信息及时交到相关作者手中，使下一版更完美。我们也会在下一版特别鸣谢来信读者。

请把你的想法发送到**china@lonelyplanet.com.au**，谢谢！

请注意：我们可能会将你的意见编辑、复制并整合到Lonely Planet的系列产品中，例如旅行指南、网站和数字产品。如果不希望书中出现自己的意见或不希望提及你的名字，请提前告知。请访问lonelyplanet.com/privacy了解我们的隐私政策。

泰国美食之旅

中文第一版

书名原文：*From the Source - Thailand*
（1st edition，Aug 2015）

本中文版由中国地图出版社出版

图书在版编目 (CIP) 数据

泰国美食之旅 / 澳大利亚 Lonely Planet 公司编；李冠廷，章怡译．-- 北京：中国地图出版社，2017.7
书名原文：From the Source - Thailand
ISBN 978-7-5031-9945-5

Ⅰ．①泰… Ⅱ．①澳… ②李… ③章… Ⅲ．①饮食 - 文化 - 泰国 Ⅳ．① TS971.203.36

中国版本图书馆 CIP 数据核字 (2017) 第 147063 号

出版发行	中国地图出版社
社　　址	北京市白纸坊西街 3 号
邮政编码	100054
网　　址	www.sinomaps.com
印　　刷	北京华联印刷有限公司
经　　销	新华书店
成品规格	185mm×240mm
印　　张	16
字　　数	435 千字
版　　次	2017 年 7 月第 1 版
印　　次	2017 年 7 月北京第 1 次印刷
定　　价	86.00 元
书　　号	ISBN 978-7-5031-9945-5
审 图 号	GS（2017）1482 号
图　　字	01-2017-0711

如有印装质量问题，请与我社发行部（010-83543956）联系